U0050222

CARAMEL

焦糖甜點全圖鑑

Prologue
序言

對於歷經過生產之痛的媽媽來說，最大的謊言，無非是「不再生孩子」。一想到要時時頂著大肚子，尤其最後還得面臨巨大的產痛，簡直讓人不敢再嘗試。然而，卻也有很多媽媽違背自己的承諾，繼續生孩子。因為他們能夠感受到比十個月痛苦更巨大的喜悅，而選擇生第二個孩子、第三個孩子。

我在撰寫第一本書的時候，感受到從準備到出版，好比生孩子的過程。而這本書，就彷彿是我的第四個孩子。準備一本書的時間既漫長又艱辛，總讓我暗自下定決心不再動筆，但想著想著，卻又開始整理稿件，忙著準備出版。

焦糖甜點專門店對很多人來說，並不那麼熟悉，但我至今已經營了十三年。如今，「Maman Gateau」已烙印在一些人的記憶中，也有愈來愈多焦糖概念主題店誕生。

堅持走在同一條道路上，其實並不簡單。但我想要將自己經歷無數失敗終於掌握的技巧傳遞出去而選擇寫書。抱持著要分享十年經歷的信念，開始著手準備這本書。

過去誓言不再出書的我，彷彿撒了個謊。但假若透過這本書，能讓大家更輕鬆地享用焦糖的美味，那麼過去所言，或許不過是美麗的謊言。拍攝書中照片的第一天，負責提案這本書的朴組長問我：「之後再來寫其他書吧？」我毫不猶豫地回答：「不了！」但之後的事，誰說得準呢？

完成這本書的勇氣，來自於我的兩位助手兼親生女兒，從食譜選擇到拍攝，她們都竭盡全力協助，在此特別感謝我的大女兒朴彩恩和小女兒朴書恩。

皮允娫피윤정

Contents

序言 004

Part 1

關於糖

01 糖的歷史 016

02 糖的製造過程 016

03 糖扮演的角色 018

04 砂糖的種類 020

05 各種類型的糖 022

06 糖的結晶化 023

07 糖的焦糖化 025

Part 2

事前準備

01 材料 030

02 工具 036

04 焦糖堅果 046

05 帕林內 050

06 焦糖水果 052

Part 3

焦糖基礎技法

01 焦糖 040

02 焦糖糖漿 042

03 焦糖醬 044

Contents

Part 4

焦糖甜點

01 焦糖巧克力餅乾 058

02 沙布蕾焦糖夾心餅 062

03 佛羅倫汀焦糖堅果脆餅 066

04 焦糖核桃派 070

05 焦糖司康 074

06 焦糖杏仁蛋糕 078

07 香橙焦糖瑪德蓮 082

08 海鹽焦糖費南雪 088

09 焦糖棉花糖布朗尼 092

10 焦糖熔岩巧克力蛋糕 098

11 焦糖榛果小蛋糕 102

12 焦糖香蕉蛋糕 106

13 柚子焦糖榛果咕咕霍夫 110

14 焦糖可麗露 116

15 檸檬焦糖杏仁達克瓦茲 120

16 百香果芒果馬卡龍 124

17 焦糖蛋糕捲 130

18 焦糖捲蛋糕 138

19 焦糖巴斯克起司蛋糕 146

20 焦糖起司蛋糕 150

21 巧克力焦糖蛋糕 154

22 蒙布朗歌劇院蛋糕 162

23 焦糖閃電泡芙 170

24 咖啡聖多諾黑泡芙塔 176

25 覆盆子榛果布雷斯特 186

26 楓糖蘋果塔 194

27 焦糖杏桃塔 202

28 西洋梨焦糖杏仁塔 208

29 黑糖胡桃塔 214

30 焦糖提拉米蘇塔 220

31 榛果塔 228

32 無花果焦糖杏仁國王餅 238

33 開心果拿破崙蛋糕 246

34 伯爵茶焦糖布丁 254

35 香草焦糖烤布蕾 258

Contents

Part 5

手工焦糖糖果

01 鹽味焦糖糖果 264

02 抹茶焦糖糖果 266

03 黑芝麻焦糖糖果 268

04 玫瑰焦糖糖果 270

05 黃豆粉焦糖糖果 272

06 萊姆紫蘇焦糖糖果 274

07 覆盆子焦糖糖果 276

Part 6

焦糖裝飾

01 焦糖果凍 282

02 焦糖蛋白霜餅乾 284

03 焦糖棉花糖 286

04 焦糖蜂巢脆餅 288

05 焦糖碎片 290

06 愛素糖薄片 292

07 蕾絲薄片 294

08 可可牛軋汀 296

09 巧克力花、巧克力硬幣、巧克力片 298

How to use this book

書中「Part 4 焦糖甜點」中的產品，會運用到「Part 3 焦糖基礎技法」來製作。在做不同的焦糖甜點時，要搭配適合的焦糖製作方法，詳細說明都收錄於 Part 3 章節中。基礎焦糖包含焦糖、焦糖糖漿、焦糖醬、焦糖堅果、帕林內、焦糖水果，各種焦糖的形狀、濃度和糖度各不相同，因此選擇適合的製作方法十分重要。Part 4 章節的材料介紹中，若有以「參考 P00」標示，這時請先參考 Part 3 章節，準備需要的分量。

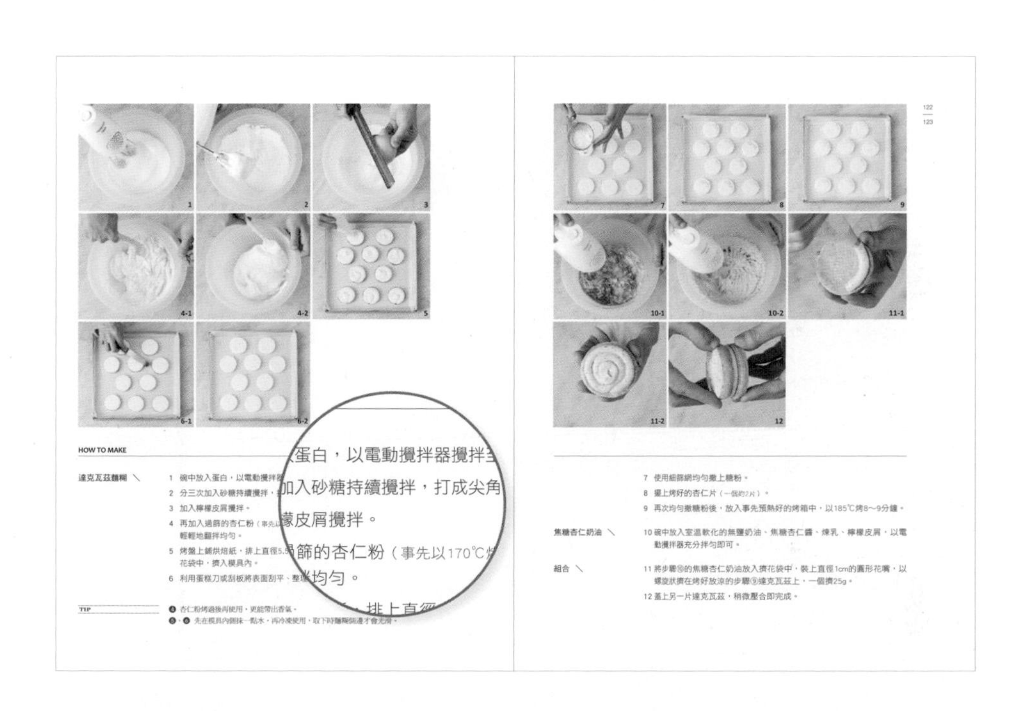

「Part 4 焦糖甜點」中也有部分產品，雖然製作方式可參考「Part 3 焦糖基礎技法」，但在材料或材料比例不同的情況下，表示此產品需要不同程度的焦糖濃度或糖度，這時候就請依照該食譜所列的需求另行製作。關於焦糖的製作步驟皆有搭配照片呈現，若希望看到更詳細的步驟，請依「參考 POO」標示，確認對應的 Part 3 章節內容。

Part 1

關於糖

About Sugar

01

糖的歷史

我們稱之為「砂糖」的「Sugar」，來自於梵語的「Sharkara」。最早的紀錄在梵文文學中，寫於西元前1500年到500年間，內容提及在印度孟加拉地區栽培甘蔗，也有最早的製作砂糖紀錄。當時對砂糖僅有粗製處理，在梵語中的名稱是「做成球或一團東西」之意的「guda」。

人類最早的調味料是取自於大自然的蜂蜜。而在西元前400年，印度已經開始使用蔗糖，亞歷山大的印度河探險隊其中一位將領留下紀錄，表示在印度河發現不借助蜜蜂力量的草（流著蜜的蘆葦），他認為那是一種濃縮的蜜。此後，羅馬人和希臘人將砂糖描述為：「存在著固體的蜂蜜，形狀如同鹽，像冰塊一樣硬，放入嘴中易碎，嚐起來很甜」。當時作為藥材被帶入，直到中世紀才被當作調味料進口，開始小量使用。大約700年後，摩爾人將砂糖傳播到西班牙，約莫200年間，西班牙成為歐洲唯一的砂糖供給國。到了900～1100年間，威尼斯的貿易以砂糖為主軸。此後，砂糖逐漸傳播到各地區。然而長久以來，多用作藥材，或被當作君王或權貴的奢侈品。

最初的甘蔗栽培起源於紐幾內亞。之後逐漸擴散到南太平洋地區、印尼、中國、菲律賓等地，隨著哥倫布發現新大陸，再傳往西印度諸島和南美各國。19世紀初，位於歐洲中部的西利西亞地區，建立了世界最早使用甜菜的砂糖工廠，隨後傳播到歐洲各區，大幅提升了砂糖的生產量。約莫在這個時期，美國也開始以甘蔗生產砂糖，隨著砂糖產業發展，逐漸成為普遍的大眾食品。

02

糖的製造過程

砂糖通常以甘蔗或甜菜為原料製作，味甜且入水易溶，也可以換成楓糖、棕糖。傳統砂糖的製作，會以機器將甘蔗莖、甜菜根切開，再擠壓出汁。將這些汁液煮過後的結晶，就是「原糖」。將原糖溶於水中，去除雜質後再煮沸、製成結晶，就成為「白砂糖」。接著來仔細探討一下砂糖的製程吧！

以甘蔗製作原糖的過程

以甘蔗製作原糖時，過程大致可以分為：粉碎、清淨（去除雜質）、結晶化、分離。

1. 粉碎　採收甘蔗後，切斷、壓榨。蔗糖工廠在粉碎過程是以巨大機器運作。甘蔗汁包含10～20%的蔗糖。
2. 清淨　粉碎過程中所出的汁液，會再加石灰濾出雜質，同時提高PH值。石灰扮演讓蛋白質、脂肪和其他浮游物質沉澱的角色。容器中沉澱的雜質，會從底部去除。
3. 結晶化　將去除雜質的汁液煮滾，再通過數個蒸發桶，逐漸濃縮結晶。
4. 分離　以離心分離機將結晶和蜜分離，留下來的結晶即為原糖。

砂糖的製作過程

精緻糖的製作過程，是將原糖結晶再次溶於水中，然後反覆原糖製作的程序，兩個過程的原理大致相似。以下以韓國的砂糖工廠製作精緻糖的流程為例。

1. 清洗　清洗原糖表面附著的雜質。
2. 精製　溶於水中後，加入石灰、離子交換樹脂、活性碳等，分解出雜質。同時去除顏色，讓顏色變白。在過程中使用活性碳，與做醬油時加入木炭去除雜質和毒素的原理相同。
3. 結晶化　將精製過的糖液放入真空結晶罐，達到飽和狀態後，加入晶種（seed crystal）製作結晶。若加入大量晶種、快速冷卻，會產生較小的結晶；相反地，若放入較少的晶種、慢慢冷卻的話，則會有較大的結晶。
4. 分離　產生結晶後，使用離心分離機將結晶和蜜分離，再用水將結晶表面洗淨。剩下的糖蜜繼續經結晶化和分離過程，製作成結晶。經過一次過程的稱為「一號砂糖」，經過兩次的為「二號砂糖」，經過三次的則為「三號砂糖」。褐色的原糖可以再次精製為白砂糖。經過三次分離後所留下的糖蜜不做食用，用於製造酒精、丙酮、甘油等。
5. 乾燥　將分離、洗淨的結晶放入乾燥機中乾燥。
6. 包裝　依使用用途包裝。包裝完成後，就是我們常見的砂糖。

03

糖扮演的角色

砂糖進入我們的體內後，會直接到小腸，分解為葡萄糖和果糖，快速被身體吸收。因此工作或運動後、身體疲勞時，吃甜食能迅速恢復。此外，糖不僅只有甜味，還有多種功能，被多種食品廣泛運用。例如，製作水果果凍、果醬時，糖可以當作脫水劑，讓果汁變硬，同時也能防止微生物生成與繁殖，延長食物保存期限。接下來要探討製作甜點時糖所扮演的角色。

吸附水分

砂糖會吸附周遭的水分，藉此保持新鮮。糖吸附水分子的能力強，能將水從其他食材中吸除，並吸附著水分。這樣的水分吸附性運用在製作果醬時，水果加糖放置，水分會流出，同時提高果糖，幫助長久保存。打發蛋白時加糖，糖會吸收雞蛋中的水分，讓氣泡穩定、不易消泡。製作果凍時，糖會在果凍液的縫隙間儲存水分，增加果凍的彈性。另外，海綿蛋糕進烤箱烘烤時，水分會蒸發，麵糊中加愈多糖，愈能儲存水分，因此烤的時間較短，水分流失也較少，蛋糕會更濕潤柔軟。

著色

砂糖的著色性高，加熱砂糖，可以看見顏色的變化。最具代表性的就是「梅納反應（Maillard reaction）」和「焦糖化反應（Caramelization）」。前者為烤糕點、麵包時，砂糖和蛋白質一起加熱，染上褐色的反應。後者為製作焦糖糖漿時，砂糖加水加熱而變褐色的反應。這兩種反應皆容易顯現外表顏色，因此相較於不加砂糖的產品，更容易顯色。

保存・防腐

談到防止腐敗，一般會聯想到防腐劑或鹽，不過糖也具有強烈的防腐力。由於糖具有吸附水分的特性，而失去水分的微生物細胞無法活動，因此加入大量砂糖的餅乾和果醬，都不容易腐壞。另外，濃砂糖液不容易溶氧，能防止脂肪酸化。若砂糖少，則不具防腐效果。如果加砂糖的目的是為了防腐，至少要加整體重量的一半以上。

調味

砂糖本身的甜味，能左右產品整體的風味。除此之外，砂糖和其他味道混合時，能讓其他味道更溫和，並帶出甘甜。例如，苦味強烈的咖啡加入砂糖，能降低苦味；蒸海鮮加入糖，能幫助去除腥味。此外，蜂蜜、楓糖等帶天然香味，能夠直接影響產品的香氣。

其他

砂糖也具有防止雞蛋的蛋白質變質的作用。砂糖會抑制雞蛋的熱變性和空氣變性，製作蛋白霜時，蛋白一次加入大量砂糖不太會起泡，因此，要在蛋白起一定的泡後再慢慢分次加入砂糖。此外，砂糖也具有讓麵粉蛋白質軟化的作用。

砂糖用於加工食品的特徵

特性	內容	用途
防止澱粉老化	澱粉添加砂糖，能防止澱粉老化、乾燥，保存食物本身的鬆軟口感。	防止米飯、麵包、年糕乾燥
防止脂肪酸化	濃砂糖液不易溶解氧氣，因此可以防止酸化。	用於餅乾、奶粉等
防止腐敗	濃砂糖液的滲透壓高，具防腐性。	用於煉乳、果醬等
彈力	水果的果膠、有機酸和砂糖結合，會呈現含水狀態，成為果凍。	用於果凍、果醬等
發酵性	砂糖會跟著酵母發酵。	用於水果酒、麵包等
焦糖反應	砂糖加熱到180℃以上，葡萄糖和果糖會分解，持續加熱會漸漸變成褐色，最終成為焦糖。	用於焦糖、甜點等
造型性	穀物粉加工時加入砂糖再烤，造型性會更佳。	用於麵包、餅乾等
穩定氣泡	打發鮮奶油和蛋白時，加入砂糖能吸收水分、產生泡泡，並能長久保存。	用於奶油霜等
顯香、顯色	砂糖會對蛋白質、胺基酸反應，帶出香氣和顏色。	用於餅乾等
提升味覺	砂糖和其他味道混合時，能讓其他味道更溫和，並帶出甘甜。	調理咖啡、魚類、海鮮時添加

04

砂糖的種類

砂糖（sugar）是如同雪花般的結晶糖分，具有甜味、沒有特殊氣味。製作時以蔗糖為主要成分，從甘蔗或甜菜中獲取原糖後，經過精緻過程而成，是一種天然調味料。最初的砂糖發現來自於具有光合作用能力的植物，如甘蔗、甜菜、糖高粱、砂糖椰子、甜菊等，都含有大量的糖分。依精緻程度不同，可以區分為粗糖和精緻糖；依去除雜質的方式，可以分為白砂糖、黃砂糖、黑砂糖；依加工方式，可以分為粉狀砂糖、方糖、冰糖；依製造原料，可以分為蔗糖、甜菜糖、楓糖、椰子糖等。

白砂糖

砂糖以甘蔗為原料製作，加工前的原糖帶微黃的光澤。原糖精製、乾燥、結晶的過程中，會將砂糖的色素和異物一起去除，因而轉為白色。經過這些過程後最先產生的，就是僅有蔗糖、純度99%以上的「白砂糖（white sugar）」。糖會以粉狀或液體的型態呈現，粉狀的結晶大小適合所有料理，容易融化，且不易結塊。可以用於製作有光澤的糖果、果凍、餅乾等，由於味道清爽，也能用在製作食品、飲料等。以化學、營養的觀點而言，白砂糖和黃砂糖相比，白砂糖中不含礦物質。

黃砂糖

黃砂糖（brown sugar）為製糖工廠生產精緻白砂糖後，再經幾道精緻過程，經過加熱，呈現帶黃褐色的砂糖。黃砂糖和白砂糖相比，帶有獨特風味，也因製作過程經過加熱，而帶出了原糖的香氣。不過，因為多道的精緻過程會提高生產費用，因此為了降低費用，有些製糖工廠也會以白砂糖加糖蜜製作。黃砂糖常用於製作餅乾或麵包，也用於製作水果濃縮液。需要強烈的甜味、原糖香氣時，可以使用黃砂糖。

另外，也有以有機栽種的甘蔗，不經化學精緻過程，製作成有機砂糖。先萃取出甘蔗汁，再蒸發水分，得到砂糖結晶。不經化學過程製成的砂糖，帶有泛黃顏色，因此有機砂糖也被歸類為黃砂糖。還有一種非精緻砂糖為紅糖（cassonade sugar），紅糖由液體萃取為天然結晶砂糖，帶基本褐色，略帶酒味。紅糖常用於製作塔、布里歐麵包、布丁等，添加獨特香氣，也常被用在焦糖布丁等表面。

黑砂糖

黑砂糖（Black sugar）又稱為「三溫糖」，也就是經過三次加熱所製作的砂糖。黑砂糖和黃砂糖比，多經過一次加熱，因此顏色再更深一些。黑砂糖並非因為非精製而呈深色，而是以精製過的砂糖再加工，因而呈現深色、帶獨特風味。原本黑砂糖為非精緻糖之意，不過隨著須精緻加工的三溫糖普及化，三溫糖也開始稱為黑砂糖。另外，也有將黃砂糖加焦糖糖漿，再加熱兩次的製作方式，因此有些黑砂糖的成分會標示焦糖。黑砂糖的顏色比黃砂糖還要深，香氣也更為濃烈，且水分含量比其他砂糖還要高，因此較容易結塊。

至於非精緻的黑砂糖由甘蔗萃取汁液後，不會以遠心分離機去除糖蜜，因此異物會比原糖還多，品質相對較差，不過各產地皆帶不同的風味。製作方式一般來說較為原始，取蔗糖的汁液加石灰等清洗後，再進行收汁，透過冷凍、攪拌，讓砂糖和糖蜜一起混合為黑褐色。萃取後約為原甘蔗的15%，成分為蔗糖80%、轉化糖6%、石灰2%、水分4%，依產地會稍有不同。

黑糖（muscovado sugar）則是以原糖精製的顆粒砂糖，又稱為「barbados sugar」、「moist sugar」。一般而言，黑砂糖是以砂糖精製後剩下的糖蜜加白砂糖製作的褐色砂糖，黑糖不是以甘蔗原汁萃取糖蜜後再攪拌，而是以帶有糖蜜的狀態製作。由於以傳統方式製作，因此帶有各地區留下的獨特方式，風味各不相同。黑糖帶深褐色，顆粒比一般黃砂糖還要粗，但口感溫和而濕潤，糖蜜滋味強烈。在任何情況下，黑糖都可以代替黑砂糖。

糖粉

糖粉（powdered sugar）是以精緻糖加工製作的粉狀砂糖。由白砂糖或粗砂糖壓碎，製成微小的粉末，容易吸收濕氣後變硬。市售的大部分糖粉，都含有少量的澱粉。此外，糖粉還可以區分為100%糖粉和含有顆粒的糖粉等。糖粉主要用來撒在水果上，或作為蛋糕、餅乾、西式糕點的裝飾。

05

各種類型的糖

糖漿

玉米糖漿（starch syrup, corn syrup）是澱粉經酸或酵素加水分解而成。雖是由澱粉分解而成，不過含有麥芽糖，這一點不同於液態果糖。液態果糖是由澱粉分解為葡萄糖，再將部分葡萄糖異構化為果糖。玉米糖漿則沒有到完全分解為葡萄糖的階段，因此糖漿中摻雜了葡萄糖、麥芽糖、糊精等。除了水分以外，其他成分幾乎就是這幾種糖，呈現透明無味，或僅略帶微微氣味。玉米糖漿的精緻過程較粗糙，這一點不同於高果糖糖漿。高果糖糖漿由穀類加麥芽糖製成，製作過程更為精緻。因此玉米糖漿除了糖類以外，也包含了纖維質等雜質，因為雜質的關係會呈現褐色，同時帶有獨特的香甜風味。

轉化糖漿

轉化糖漿是以砂糖加水分解而得的葡萄糖、果糖混合物質。從甘蔗、甜菜中得到的蔗糖為二糖，再經酸或酵素加水分解，就會得到葡萄糖和果糖。這個現象就稱為「轉化」。其中所生的葡萄糖和果糖混合物，即為「轉化糖漿」。轉化糖漿的風味比砂糖強1.23倍，易被腸道吸收。此外，轉化糖漿具吸濕性，溶解度高，能夠防止砂糖結晶。轉化糖漿包含果糖，味道比原本的蔗糖還強烈，且具吸濕性，因此不適合固態產品，較適合液體。

蜂蜜

蜂蜜分為天然蜂蜜和人工蜂蜜。蜂蜜是人類最早從大自然中獲取的食品，除了用作藥材，也當作屍體的防腐劑、製作木乃伊，或用於保存果實。韓國自古以來，就有採取蜂蜜做珍貴藥材及食品使用的紀錄。近年野生蜜蜂的數量急劇減少，天然蜂蜜變得十分稀有，而人工蜂蜜在糖分和品質上，都比不上天然蜂蜜。蜂蜜依花的種類，可區分為洋槐蜜、油菜蜜、栗子蜜、百花蜜等，隨種類不同，顏色和風味也各異。舉例來說，洋槐蜜顏色淡，帶有獨特香氣；栗子蜜帶苦味，顏色比較深。蜂蜜不只含有營養、酵素，也含有礦物質，為天然的調味料。由於蜜蜂的分泌物中含酵素，因此蜂蜜含有65～85%的轉化糖。

楓糖

楓糖是由楓樹汁液製作而成。楓糖的成分中，約有62%為蔗糖，果糖和葡萄糖約各佔1%。楓糖中含有豐富的鉀、鈣、鎂三大必備礦物質，蜂蜜和砂糖中則不存在或僅有少量。楓糖的顏色隨著等級而不同，愈明亮愈上等。美國和加拿大地區主要淋在熱鬆餅上食用。另外，也經常用於製作麵包、餅乾或啤酒。楓糖可用作糖的主原料或調味料，代替砂糖使用，能帶出獨特的風味和香氣。

06

糖的結晶化

砂糖由一個分子的葡萄糖和一個分子的果糖組成，結晶型易於大部分的食品加工。砂糖可作為食品的調味料或主材料，為了更多元運用砂糖，必須先了解物理特性之一的結晶化。這裡所稱的結晶，是指構成液體的眾多元素，選擇性結合其中幾種，所形成的結晶狀態。結晶在達到適當的濃度時開始形成。了解溫度對糖結晶產生的影響，以及糖加入高分子粒子時對糖結晶的影響，就能夠在製作食品時抑制糖產生結晶化，或是運用結晶於食品製作。

砂糖具親水性，容易溶於水中。溶液依溶解的糖量，可區分為不飽和、飽和、過飽和溶液。過飽和是指溶液超過飽和狀態，也就是溶液含有比該溫度能溶解的量還要多的溶質。過飽和溶液中，溶質的量多於溶媒能溶解的量，為不穩定狀態，如果攪拌或造成衝擊，容易形成結晶。過飽和的砂糖溶液加熱到100℃以上後，先冷卻讓溶解度降低，過飽和的部分開始形成核後，再以核為中心形成結晶，即為「結晶化（Crystallization）」。

影響糖結晶化的因素如下。

1. **溶質的種類**　葡萄糖會慢慢形成結晶，砂糖則快速形成結晶。
2. **溶液的濃度**　砂糖溶液濃度愈高，結晶的大小愈小，結晶量愈多。
3. **溶液的溫度**　慢慢加熱直到砂糖溶化，然後在溶化後要快速加熱，才容易結晶化。過飽和溶液要降到一定溫度後再快速攪拌，若在高溫攪拌，結晶會變大、變粗糙。
4. **攪拌**　過飽和溶液攪拌時，容易形成核，再結晶化。想要得到微小的結晶，必須要降溫後再快速攪拌。
5. **妨礙結晶物質**　過飽和溶液中，若存在蛋白、吉利丁、糖漿、蜂蜜、牛奶、奶油、巧克力、洋菜、有機酸、轉化糖等砂糖以外的物質，這些物質會圍繞在核周遭，阻斷結晶生成。此外，這些物質如果強力吸附，或是量較大，即使砂糖容易過飽和，也不易於結晶生成，結晶會變小。

以上的砂糖結晶性為製作糖果的重要過程，結晶的形成或抑制，也是決定糖果品質的重要原因。根據糖的結晶形成與否，可分為結晶型糖果和非結晶型糖果。結晶型糖果以過飽和砂糖溶液結晶化的性質製作，為能夠輕鬆咬的糖果。非結晶型糖果在過飽和砂糖溶液中加入妨礙結晶的物質，或在高溫加熱，使其無法結晶，而成為黏稠的糖果。

07
糖的焦糖化

「焦糖化反應（Caramelization）」主要是料理時糖類產生的氧化反應，也可以視為熱分解。焦糖化反應是讓料理帶有香氣和顏色的重要現象。純砂糖的熔點在160℃左右，再慢慢加熱、讓水分蒸發，砂糖的構造就會被破壞，產生焦糖化，接著顏色愈來愈深（果糖110℃、葡萄糖160℃、麥芽糖180℃以上時，會產生焦糖化）。此時產生的揮發性化學物質，即為焦糖特有的香氣和風味。

焦糖化反應需要有一定的時間產生，如果突然提高溫度，或是砂糖未溶於水就直接加熱，產生焦糖化反應之前就會燒焦。因此務必要加足量的水，且慢慢加熱，才能產生焦糖化反應。焦糖化反應的結果，會產生褐色的物質，且帶出不同於砂糖本身的獨特香氣。透過焦糖化反應產生的顏色變化，來自於砂糖中的水分分離，砂糖分子中的水分含量減少，醛、酮等分解物質增加，導致甜味漸漸減少、苦味增加，部分的生成物質也帶酸味。換言之，隨著焦糖化反應產生，甜味會減少，苦味、酸味會變強烈。此外，糖的精緻度愈低，焦糖化反應會愈快，也最適合鹼（pH 6.5～8.2）反應，有機酸存在也更易於反應。焦糖化反應廣泛用於糖果、糕點製作，如：花生糖、牛軋糖、焦糖堅果、焦糖烤布蕾、焦糖奶油、焦糖蘋果等。

簡而言之，「焦糖（Caramel）」是指將砂糖收乾，變為深褐色的非結晶糖果。製作時，加熱到120℃左右，砂糖會開始融化，分子結構被破壞，分解為葡萄糖，葡萄糖冉結合為焦糖。隨著砂糖收汁，除了砂糖本身的水分蒸發，砂糖中含有的水分子也會被加水分解。後者非單純的物理現象，為一種除水化學現象。最終整體的質量會減少，容易分解的葡萄糖等單糖類的構成比例會變高，因此散發更濃厚的風味。

至於大家常聽説的「梅納反應（Maillard reaction）」，同樣會產生褐色著色物質、風味更盛，因此經常讓人混淆。兩個反應最大的差異點，就是蛋白質的有無。焦糖化反應是不含蛋白質的糖類化學反應，主要出現於融化砂糖，製作焦糖糖漿或焦糖醬時；梅納反應則是糖類和胺基酸的化學反應。

1
2
3
4
5
6
7
8
9
10
11
12

砂糖對應不同溫度的反應

1. 100℃	砂糖開始融化，表面開始變透明。
2. 105～110℃ (sucre file)	邊滾邊起大氣泡。放進指環再吹，會像氣球一樣脹大，若用手指頭摸，會像線一樣變長，但無法固定形狀。
3. 115～120℃ (petit boule)	水分稍微收乾，氣泡慢慢變小。泡冷水後若用手摸，可以做成柔軟的球形。用於製作蛋白霜或奶油霜。
4. 125～130℃ (gros boule)	氣泡的大小變小，數量也變多，可以做出較硬的球。
5. 135～140℃ (petit casse)	小氣泡增加，持續滾沸。在開始做造形之前就會變硬，不過還是稍有彈性。製作牛軋糖時使用此溫度。
6. 145～150℃ (grand casse)	氣泡頻繁出現，馬上就變硬且沒有彈性、易碎。製作砂糖工藝品時的溫度。
7. 155～160℃ (petit jaune)	還沒有太大變化，氣泡持續滾，鍋子邊緣慢慢開始有顏色。
8. 160～170℃	整體呈現淺黃色，主要有甜味，香氣沒有太大變化。
9. 180℃ (caramel)	呈現微南瓜色，開始有濃厚的香氣。
10. 180～190℃	褐色愈來愈深，散發甘甜味和特有的香氣。
11. 190～205℃	顏色變更深，氣味略帶苦。
12. 210℃	開始冒煙，碳化、變黑，出現燒焦味道。

Part 2

·

事前準備

Preparation

楓糖
焦糖
黑糖
白砂糖

白砂糖

最基本的無色無氣味之糖，普遍用於糕點中。一般稱的砂糖，都是以白砂糖為主。砂糖對於水分的活性度低，不必擔心會細菌汙染、變質、腐敗等，通常沒有特定的有效期限。不過要注意的是，保存時需避免吸收濕氣和氣味。

焦糖

焦糖是將砂糖加熱，經過一定程度的焦糖化，冉冷卻、粉碎的糖。製作焦糖甜點時，以焦糖取代砂糖，可以更輕鬆地呈現焦糖風味。焦糖的糖度比砂糖還要低，因此調製焦糖風味時可以使用焦糖，但仍要以砂糖來調整甜度。焦糖容易受潮，因此務必以密閉容器保存。

黑糖

黑糖帶有獨特的香氣與風味，也是100%的原糖，通常用於想要強調獨特風味時。黑糖比砂糖還要容易融化，為非精緻砂糖，焦糖化的溫度低，因此使用時要多加留意，避免焦糖化反應過度。黑糖的顆粒較為不規則，保存時容易結塊，務必以密閉容器保存。

楓糖

楓糖是以楓樹的汁液製作而成的糖。楓糖的成分中，蔗糖約佔62%，果糖和葡萄糖各佔1%。市面上販售的楓糖糖漿，邊攪拌邊煮至128℃，關火後再繼續攪拌，會形成結晶，進而成為楓糖。加拿大和美國地區的習慣用法是在鬆餅上淋楓糖。楓糖的糖度比砂糖還要低，帶有獨特的風味和香氣。

蜂蜜
糖漿
焦糖糖漿
轉化糖漿

糖漿

一般而言，糖漿是將澱粉以酵素分解，再經過過濾、去色、去味、精緻、去除雜質等過程的糖，因此除了水分以外，其他成分幾乎都是糖，外觀呈透明狀，且幾乎無氣味。市面上販售的糖漿，濃度、糖度（砂糖的0.3～0.6倍）、顏色都各有差異，請依製作的品項做選擇。

轉化糖漿

轉化糖漿是以蔗糖水解得到的葡萄糖和果糖混合物質，甜味較為強烈，比原本的蔗糖還高，糖度為砂糖的1.23倍。轉化糖漿具吸濕性，溶解度也高，能夠抑制砂糖結晶。因此不適用於固態產品，用於液體居多。

蜂蜜

市面上販售的蜂蜜十分多元，必須依製作的品項挑選。蜂蜜本身就帶有香氣，若非要強調獨特香氣，建議選擇香味不會過於濃烈，且容易和其他食材融合的蜂蜜。蜂蜜中含有酵素，65～85%為轉化糖，若沒有蜂蜜，可用轉化糖漿代替。

焦糖糖漿

將砂糖焦糖化再凝固會變硬，加熱水攪拌便能中和濃度。焦糖本身的風味強烈，主要用於想要呈現簡單而濃烈的風味時。透過水量能夠調整濃度，但若要長期保存，建議盡量減少水量，以濃稠的狀態保存。使用時再依需求加水調整濃度。

鮮奶油
LAGRANDE
BRASSERIE
水
牛奶
果泥
奶油

水

用於製作焦糖糖漿時，務必先加熱再加入。若使用溫水或冰水，溫度差異過大，會導致焦糖變硬。在硬的狀態若直接加熱，會使水分過度蒸發，而比預期的濃度還要稠。水的分量可依製作的品項調整。

牛奶

用於製作焦糖醬時，務必先加熱再使用。加入牛奶時，由於牛奶中的蛋白質凝固，會產生部分固態成分，請以電動攪拌器拌勻。焦糖奶油也是用同樣的方式製作。

鮮奶油

用於製作焦糖醬時，務必先加熱再使用。相較於加入牛奶，加鮮奶油更黏稠、更具風味，也更接近濃稠狀。加熱鮮奶油前，可以先加香草籽、肉桂、茴芹、肉豆蔻、丁香、零陵香豆等各種香辛料，或是伯爵茶、薄荷等，更能帶出風味。

TIP 市面上販售的鮮奶油大部分含脂肪量為35～38%，不過近來也有販售40%以上的鮮奶油。植物性鮮奶油和動物性鮮奶油相較之下，風味略差一些。

奶油

焦糖中加入奶油，除了會產生光澤之外，風味也會更佳，且脂肪會中和焦糖的黏稠，讓口感更輕盈。製作時要充分攪拌，讓奶油乳化。

TIP 奶油主要使用無鹽奶油。含植物性油脂的奶油風味略差一些。

果泥

用於製作水果風味的焦糖醬，使用時務必先加熱再加入。可以選擇各種果泥加入，不過每種果泥的固態成分和水分有所差異，需自行調整。除此之外，每種果泥的甜度也不同，砂糖量也需要調整。

矽膠刮刀
木鏟
銅鍋
卡式爐
模具
電動攪拌器
食物調理機
溫度計
矽膠烘焙墊

卡式爐

煮焦糖時需要加熱，務必準備加熱器具。因製作時需要調整火力，建議使用能精準調整火力的卡式爐。若使用電磁爐，即使關火，仍會有殘餘的溫度，這點要特別留意。

銅鍋

銅鍋的厚度若過薄，熱會無法均勻傳導，導致部分地方溫度較高而燒焦，因此建議準備熱傳導力佳或厚度夠厚的銅鍋。鍋子的大小不能只考量能裝入砂糖和水的分量，焦糖加水時會大滾，務必準備留有足夠空間的鍋子。另外，圓鍋較方便作業，方鍋的角落較不利於處理。

木鏟

製作焦糖堅果時，需要使用工具快速攪拌，才能避免黏在底部。由於會一邊加熱，因此建議準備手把相對較長的木鏟。

矽膠刮刀

煮膏狀的焦糖製品，或混合材料時，可以使用具耐熱性的矽膠刮刀。尺寸可依鍋子大小選擇，建議選手把較長且一體成形的，使用上較為方便。

溫度計

煮焦糖時可以用肉眼判斷顏色，但若要精準製作，就需要確認溫度。使用非接觸式紅外線溫度計雖然很方便，但若要確認焦糖表面的溫度，建議使用接觸式溫度計。要注意的是，確認溫度時，溫度計要避免離鍋子底部過近。

矽膠烘焙墊

製作焦糖或焦糖堅果時，若要快速降溫，可以使用矽膠烘焙墊。矽膠烘焙墊的耐熱性佳，且不容易黏著、容易取下，使用起來非常便利。

食物調理機

製作果仁糖或帕林內時，需要機器輔助攪拌成碎狀。使用食物調理機搗碎，可以調整成希望的大小。不過根據調理機的性能不同，最後的大小可能也有所差異。要將焦糖堅果搗碎或是做成泥狀時，務必使用能處理到細緻質地的機器，才能做出柔順口感。

電動攪拌器

要將多種材料混合均勻時，需要使用電動攪拌器。經過這道過程，能幫助乳化、產生光澤，口感也會更好。建議使用能調整速度的手持式攪拌器。由於經常需要在滾燙的狀態下使用，因此以不銹鋼材質為宜。

模具

如果要做出特定形狀的焦糖，務必要在煮滾後變硬前放到模具中。模具也經常使用在形塑各類甜點的造型上。一般主要使用不銹鋼材質、無底的模具。模具的種類、材質和形狀十分多元，可以自行選擇。

Part 3

·

焦糖基礎技法

Basic Caramel

Caramel sugar

01 焦糖

INGREDIENTS

砂糖　200g

HOW TO MAKE

1 鍋中先放入部分砂糖，以小火慢慢加熱。
2 邊緣開始融化後，慢慢加入剩下的砂糖。
3 加熱至砂糖粒子完全融化、漸漸變為褐色後，將整個鍋子放入溫水中，顏色便不會再加深。
4 倒在烘焙墊上，放至完全冷卻。
5 打碎成適當大小。
6 放入食物調理機中，攪拌至如同砂糖粒大小，再放入密閉容器中，保管於陰涼處。

TIP

❶ 請準備厚一點的鍋子，避免砂糖容易燒焦。

❶、❷ 若將砂糖一次全部放入，會不容易融化，導致花費更多時間，因此務必分次慢慢倒入。

❸ 焦糖的顏色會愈煮愈深。焦糖顏色愈淺，甜度愈高，但焦糖特有的香味較弱；焦糖顏色愈深，則愈不甜，而焦糖本身苦中帶甜的滋味和風味會更強烈。

❹ 冷卻過程中若放置於常溫中過久，糖會吸收濕氣，導致表面變濕黏。

Caramel syrup

02

焦糖糖漿

INGREDIENTS

砂糖　200g
水　70g

HOW TO MAKE

1 鍋中先放入部分砂糖，以小火慢慢加熱。
2 邊緣開始融化後，慢慢加入剩下的砂糖。
3 加熱至砂糖粒子完全融化、變為褐色。
4 接著煮至表面開始冒小泡泡，並且冒煙。
5 關火，緩緩倒入滾燙的熱水，一邊攪拌均勻即製作完成。
6 放涼後放入密閉容器中冷藏保存。

TIP

❶ 請準備厚一點的鍋子，避免砂糖燒焦。大小也需要適中，避免煮滾時溢出。

❺ 熱水需要分多次加入，避免滾起來。小心被噴濺而燙傷。可以事先在水中加入香辛料，如香草、伯爵茶、肉桂、咖啡等。

❶～❺ 砂糖和水的比例不同，甜度和濃度會隨之改變，請依需求調整分量。

Caramel sauce

03 焦糖醬

INGREDIENTS

砂糖 200g
鮮奶油 345g

HOW TO MAKE

1 鍋中先放入部分砂糖，以小火慢慢加熱。
2 邊緣開始融化後，慢慢加入剩下的砂糖。
3 加熱至砂糖粒子完全融化、變為褐色。
4 接著煮至表面開始冒小泡泡，並且冒煙。
5 關火，緩緩倒入加熱到微滾的鮮奶油，一邊攪拌均勻即製作完成。
6 放涼後放入密閉容器中冷藏保存。

TIP

❶ 請準備厚一點的鍋子，避免砂糖容易燒焦。大小也需要適中，避免煮滾時溢出。

❺ 鮮奶油需要分多次加入，避免滾起來。小心被噴濺而燙傷。鮮奶油可以用牛奶或各種水果泥替代，做出不同的風味。此外，也可以在含水分的食材中加入香辛料，如香草、伯爵茶、肉桂、咖啡等。

❶～❺ 砂糖和鮮奶油的比例不同，甜度和濃度會隨之改變，請依需求調整分量。

Caramel nuts

04

焦糖堅果

RECIPE #1

INGREDIENTS

水	24g
砂糖	68g
堅果（杏仁）	168g
無鹽奶油	8g

HOW TO MAKE

1 在鍋中加水、放入砂糖。

2 以小火慢慢加熱，不用攪拌。

3 煮到118℃時，加入堅果（未烤過的杏仁）攪拌。

4 一邊攪拌，堅果表面會開始產生糖粒子（砂糖結晶化）。

5 持續快速攪拌，直到砂糖粒子完全融化、變為褐色，堅果表面裹上焦糖。

6 關火後加入無鹽奶油，快速拌勻。

7 趁熱倒到烘焙墊上、均勻攤開，放涼即完成。

TIP

❹ 本書中也會使用到表面裹上糖粒子的開心果裝飾（參考P252）。

❺ 使用胡桃或核桃等表面不規則的堅果時，可以在裹焦糖時加一點熱水，讓糖液更容易填入縫隙中。

❶～❻ 砂糖和水的比例不同，甜度和濃度會隨之改變，請依需要調整分量。

Caramel nuts

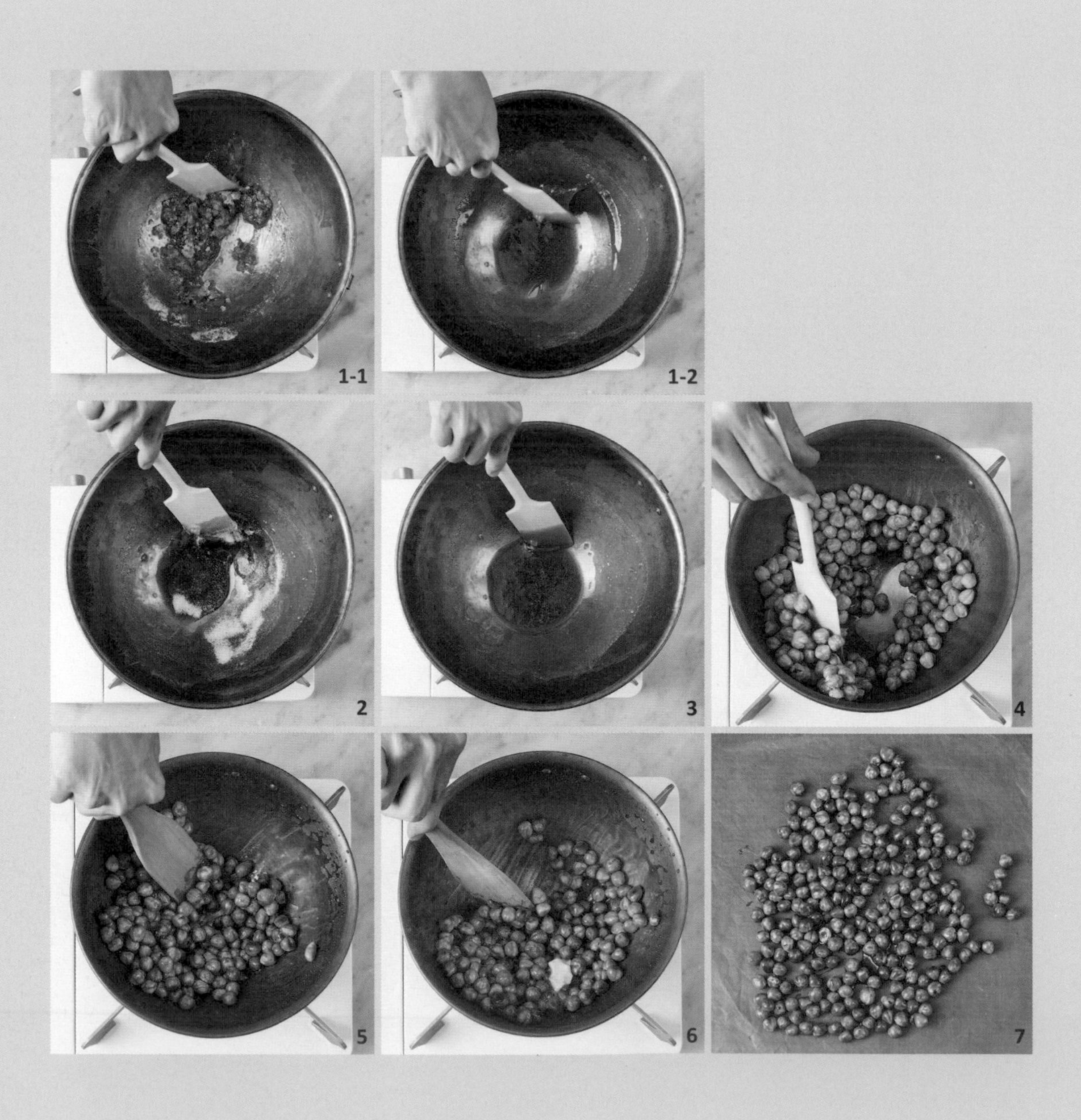

焦糖堅果

RECIPE #2

INGREDIENTS

砂糖	60g
堅果（榛果）	200g
無鹽奶油	4g

HOW TO MAKE

1 鍋中先放入部分砂糖，以小火慢慢加熱。
2 邊緣開始融化後，慢慢加入剩下的砂糖，並持續攪拌。
3 加熱至砂糖粒子完全融化、焦糖化、變為褐色。
4 接著加入剛烤成褐色、燙的堅果（榛果放入160℃的烤箱烤10分鐘）攪拌。
5 持續快速攪拌，直到堅果表面裹上焦糖。
6 關火後加入無鹽奶油，快速拌匀。
7 趁熱倒到烘焙墊上、均勻攤開，放涼即完成。

TIP

❹ 堅果可以用杏仁、榛果、胡桃、核桃等。

❶～❻ 砂糖和堅果的比例不同，甜度會隨之改變，請依需求調整分量。

Nut praline

05

帕林內

INGREDIENTS

焦糖堅果（榛果） 300g

HOW TO MAKE

1 以 RECIPE #1（參考P46）或 RECIPE #2（參考P48）製作焦糖堅果。
2 焦糖堅果完全冷卻後，放入食物調理機中。
3 攪打至焦糖堅果成粉狀，此狀態稱為果仁糖。
4 持續攪拌至焦糖堅果成泥狀，此狀態稱為帕林內。

TIP

❶ 可以用杏仁、榛果、胡桃、核桃等製作焦糖堅果。不過要注意，開心果如果過度焦糖化，顏色會變得太深、暗，務必注意。

❸～❹ 依攪打程度會帶來不同的口感，請依需求調整。

❶～❹ 砂糖和堅果的比例不同，甜度會隨之改變，請依需求調整分量。

Caramel fruits

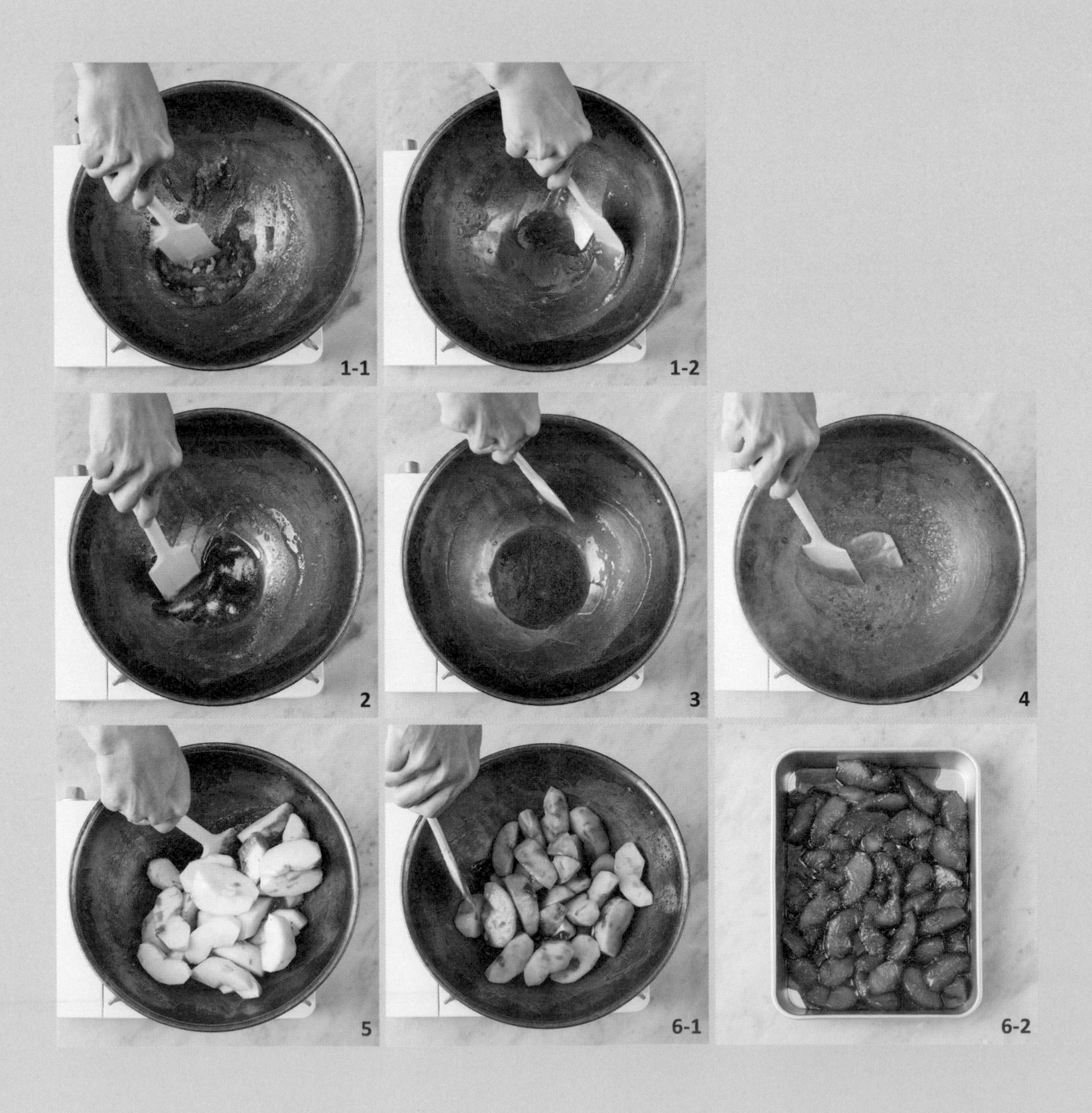

06

焦糖水果

INGREDIENTS

砂糖	132g
無鹽奶油	52g
蘋果	674g

HOW TO MAKE

1 鍋中先放入部分砂糖，以小火慢慢加熱。

2 邊緣開始融化後，慢慢加入剩下的砂糖，並持續攪拌。

3 加熱至砂糖粒子完全融化、變為褐色。

4 接著加入無鹽奶油，快速攪拌使其融化。

5 放入切成適當大小的蘋果，持續攪拌。

6 煮到蘋果完全出水、變軟，且表面裹上焦糖後，再轉小火收汁即完成。

TIP

❻ 請盡量避免使用水分過多或過軟的水果。香蕉、蘋果、鳳梨、西洋梨、杏桃等都是容易製作的水果，適合搭配焦糖。

❶~❻ 依水果不同，所需砂糖也不同，請依需求調整分量。

「天啊！該怎麼辦？」家裡的廚房一天上演了好幾次這樣的戲碼。看著不斷冒著煙、裡面的液體即將滾出來的鍋子，不禁讓人倒抽好大一口氣。如此的場景，就發生在我仍是初學者的時期。當時以為書上所見便是一切，暗自決定要照著書學會煮焦糖，然而實際開始動手後，才知道不如想像中簡單。

現在學習管道很多，甚至也可以透過網路影片學習、提問，但在二十年前，只能仰賴書中的文字說明製作的時候，燒焦或沸騰溢出，都可以說是家常便飯。儘管走了一段崎嶇的路，但嚐到自製焦糖的時候，真心覺得那簡直是神賜予的禮物，過去失敗的經驗也彷彿獲得了補償。那樣的全新經驗，完全不同於小時候嚐到市售焦糖的感受。

對小孩子來說，融化焦糖足以稱得上最佳零嘴。只要能嚐上一口那香甜口感，就已彌足珍貴。然而長大以後，卻覺得焦糖為何如此堅硬、為何這麼不容易融化。還好，我遇到了柔軟而不黏牙的手工焦糖，甜中微微帶苦，味道堪稱一絕。一旦愛上那樣的滋味，會如同中毒般思念，陷入其中的魅力。

那天品嚐到美味手工焦糖的美好經驗，遂成為我日後決定開設焦糖概念主題店的關鍵契機。

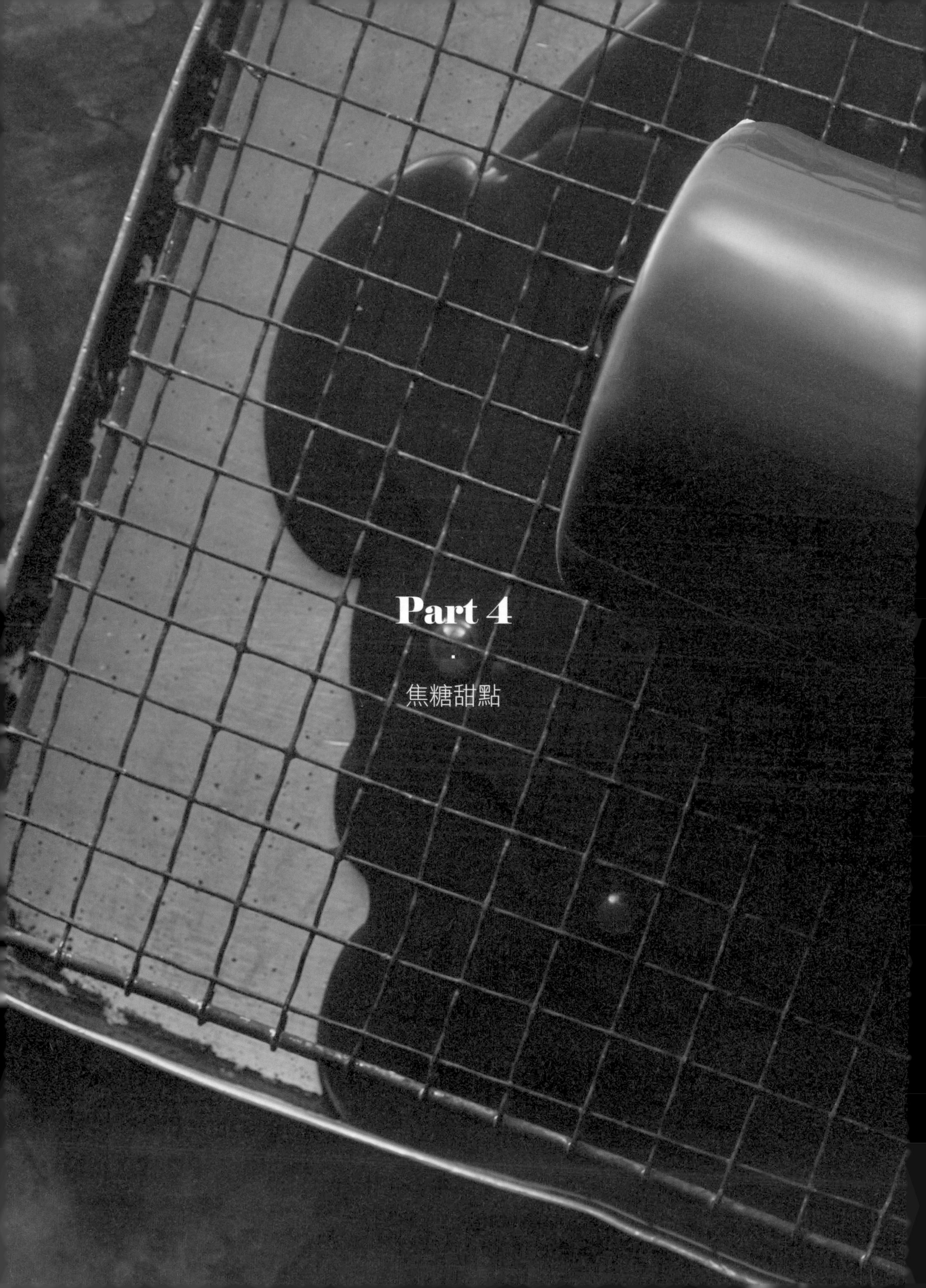

Part 4

·

焦糖甜點

Caramel Dessert

Chocolate cookies

01
焦糖巧克力餅乾

INGREDIENTS

⊖ 直徑 6cm 圓形
○ 10 個

餅乾麵團

無鹽奶油 86g
砂糖 120g
鹽 0.4g
雞蛋（常溫） 17g
中筋麵粉 128g
可可粉 18g
黑巧克力 65g
胡桃 27g

焦糖醬

砂糖 55g
蜂蜜 15g
鮮奶油 60g

裝飾

黑巧克力 適量
胡桃 適量

HOW TO MAKE

餅乾麵團 ＼

1 將無鹽奶油放入碗中，用電動攪拌器稍微打軟、打散。

2 加入砂糖和鹽一起攪拌均勻。

3 慢慢加入常溫狀態的雞蛋攪拌，使其乳化。

4 接著同時加入過篩的中筋麵粉和可可粉攪拌。

5 加入切碎的黑巧克力和烤過後切碎的胡桃一起拌勻。

6 將麵團揉成圓球狀，每球45g。

7 將麵團排列在烘焙墊上，用手輕壓，使其變成扁圓形。

8 放入事先預熱好的烤箱中，以140℃烤12分鐘即可。

焦糖醬 ＼

9 鮮奶油加熱至沸騰後備用。鍋中加入砂糖和蜂蜜，以小火慢慢加熱，使其焦糖化。

10 緩緩倒入加熱過的鮮奶油，並一邊攪拌。

11 完全拌勻後放涼即可（參考P44）。

組合 ＼

12 將步驟⑪的焦糖醬放入擠花袋中，再擠到放涼的步驟⑧餅乾上，每個擠約10g，稍微放置使其變硬。

13 最後放上切碎的黑巧克力和胡桃裝飾即完成。

TIP

❺、⓭ 胡桃先烤過後再使用，香氣會更強烈。

Sablés aux épices

02
沙布蕾焦糖夾心餅

INGREDIENTS

⊖ 直徑 6cm 圓形

○ 10 個

沙布蕾餅乾麵團

低筋麵粉 128g
杏仁粉 24g
肉桂粉 0.4g
肉豆蔻粉 0.4g
大茴香粉 0.4g
糖粉 46g
鹽 1g
無鹽奶油 72g
雞蛋 16g

奶油焦糖巧克力醬

砂糖 37g
肉桂粉 0.1g
肉豆蔻粉 0.1g
大茴香粉 0.1g
鮮奶油 74g
焦糖巧克力 33g

HOW TO MAKE

沙布蕾餅乾麵團 ＼

1 將過篩的低筋麵粉、杏仁粉、肉桂粉、肉豆蔻粉、大茴香粉、糖粉、鹽依序放到工作台上，中間再放上冷藏無鹽奶油。

2 用刮板將無鹽奶油切碎。

3 用手搓揉粉類和無鹽奶油，搓成小顆粒的狀態。

4 接著在粉類中間挖一個洞，加入雞蛋。

5 以刮板輔助將蛋液揉入粉團中，用手輕揉成平滑的麵團後，包覆保鮮膜，放入冰箱中冷藏鬆弛。

6 冷藏到麵團冰涼、變硬後，取出到工作台上，擀成0.3cm的厚度。

7 以直徑6cm的圓形模具壓出形狀。將麵團排到網狀烘焙墊上。

8 再蓋上網狀烘焙墊後，放入事先預熱好的烤箱中，以170℃烤13分鐘。

TIP

❽ 使用網狀烘焙墊做出餅乾表面的紋路，也有助餅乾的顏色、形狀烤得均勻一致。

奶油焦糖巧克力醬 ＼

9 砂糖放入鍋中，以小火慢慢加熱，使其焦糖化。

10 碗中放入肉桂粉、肉豆蔻粉、大茴香粉和加熱到微滾的鮮奶油拌勻。

11 將步驟⑩慢慢加入步驟⑨中攪拌均勻，再稍微放涼（參考P44）。

12 加入以30℃融化的焦糖巧克力拌勻。

13 再以電動攪拌器攪拌至滑順，注意避免空氣進入。完成後冷卻成稍硬的狀態再使用。

組合 ＼

14 將步驟⑬的奶油焦糖巧克力醬放入擠花袋中，用直徑0.8cm的圓形花嘴，在放涼的沙布蕾餅乾上以螺旋狀擠約10g。

15 蓋上另一片沙布蕾餅乾，稍微壓合一下即完成。

TIP

❶、❿ 香辛料（肉桂粉、肉豆蔻粉、大茴香粉）的分量可依個人喜好增減。

Florentines

03
佛羅倫汀焦糖堅果脆餅

INGREDIENTS

☒ 14X14cm 四方形
☐ 1 個

甜麵團

低筋麵粉 80g
糖粉 40g
鹽 0.5g
檸檬皮屑 1g
無鹽奶油 50g
雞蛋 7g

堅果餡

砂糖 14g
鮮奶油 7g
糖漿 14g
無鹽奶油 14g
杏仁片 14g
開心果 14g

其他

無鹽奶油 適量

HOW TO MAKE

甜麵團 ＼

1 將過篩的低筋麵粉、糖粉、鹽、檸檬皮屑依序放到工作台上，中間再放上冷藏無鹽奶油。

2 用刮板將無鹽奶油切碎。

3 用手搓揉粉類和無鹽奶油，搓成小顆粒狀態。

4 接著在粉類中間挖一個洞，加入雞蛋。

5 先以刮板輕輕翻拌，再用手揉成平滑的麵團後，包覆保鮮膜，放入冰箱中冷藏鬆弛。

6 等到麵團冰涼、變硬後，取出到工作台上，擀成0.5～0.6cm的厚度。

7 預先將14X14X3cm的方形模具抹上薄薄一層奶油，用模具將麵團壓出正方形狀，再連同模具放入事先預熱好的烤箱中，以170℃烤20分鐘。

堅果餡 ＼

8 鍋中放入砂糖、鮮奶油、糖漿、無鹽奶油，以小火慢慢加熱。

9 加熱到開始冒泡後，放入烤過的杏仁片和切碎的開心果拌勻即可。

組合 ＼

10 將步驟⑨均勻鋪在放涼的步驟⑦上。

11 連同模具放入烤箱中，再以170℃烤15分鐘，烤至呈褐色。

12 取下模具、翻面並放到鐵盤上，在放涼前切成喜歡的大小即完成。

TIP

❾ 杏仁片先烤過再使用，香氣更盛。

⓬ 翻面後要趁熱用麵包刀小心切，才能切得漂亮。

Engadiner nusstorte

04
焦糖核桃派

INGREDIENTS

⊖ 直徑 10cm 圓形
○ 2 個

甜麵團

低筋麵粉 160g
糖粉 80g
鹽 1g
無鹽奶油 100g
雞蛋 14g

焦糖堅果

砂糖 42g
鮮奶油 40g
糖漿 6g
蜂蜜 14g
核桃 22g
胡桃 22g
榛果 22g
腰果 22g
無鹽奶油 10g

裝飾

酒漬櫻桃 20g

其他

無鹽奶油 適量
水 適量
蛋液 適量

HOW TO MAKE

甜麵團 ＼

1 將過篩的低筋麵粉、糖粉、鹽依序放到工作台上，中間再放上冷藏無鹽奶油。

2 用刮板將無鹽奶油切碎。

3 用手搓揉粉類和無鹽奶油，搓成小顆粒狀態。

4 接著在粉類中間挖一個洞，加入雞蛋。

5 先以刮刀輕輕翻拌，再用手揉成平滑的麵團後，包覆保鮮膜，放入冰箱中冷藏鬆弛。

焦糖堅果 ＼

6 鍋中分批放入砂糖，以小火慢慢加熱，使其焦糖化。

7 將鮮奶油、糖漿、蜂蜜一起加熱到微滾，再慢慢加入步驟⑥中並攪拌（參考P44）。

8 關火，加入切碎的核桃、胡桃、榛果、腰果，並攪拌均勻。

9 最後加入無鹽奶油拌勻後，放涼冷卻即可。

組合 ＼

10 準備直徑10cm、高2.5cm的圓形模具，抹上一層薄薄的無鹽奶油備用。將步驟⑤冷藏到變硬的麵團擀成0.4cm的厚度，放入模具內，用手輔助讓麵團完全鋪滿、貼合模具。

11 用擀麵棍壓除邊緣多餘的麵團，再用手輕輕壓合麵團與模具。

12 放入步驟⑨的焦糖堅果和切碎的酒漬櫻桃，接著在邊緣抹一層水。

13 將步驟⑩剩下的麵團再次擀成0.4cm的厚度，蓋上並以手壓合。

14 用擀麵棍壓除邊緣多餘的麵團，接著放入冰箱中冷藏，讓表面變硬。

15 取出後，於表面刷兩次蛋液。

16 用叉子做出想要的紋路，接著放入事先預熱好的烤箱中，以175℃烤30分鐘，再取下模具即完成。

TIP

⑮ 蛋液請先將雞蛋拌勻，並過篩一次再使用，顏色才會均勻漂亮。

⑯ 模具上若留有蛋液和麵團，烤完後會不好脫模，因此做完紋路後，請先用大拇指指甲末端或小刀沿著模具內緣劃一圈。

Caramel scones

05

焦糖司康

INGREDIENTS

⊙ 直徑 8cm 圓形
○ 8 個

焦糖司康麵團

中筋麵粉 360g
無鋁泡打粉 13g
焦糖（參考P40） 144g
鹽 1.8g
無鹽奶油 180g
牛奶 47g
鮮奶油 47g

其他

蛋液 適量

HOW TO MAKE

焦糖司康麵團 ＼

1 將過篩的中筋麵粉、無鋁泡打粉、焦糖和鹽依序放到工作台上。
2 中間放上切小塊的冷藏無鹽奶油。
3 用手搓揉粉類和無鹽奶油，搓成小顆粒狀態。
4 接著在粉類中間挖一個洞，加入牛奶和鮮奶油。
5 用刮刀輔助來回翻折，揉成均勻的麵團後，包覆保鮮膜，放入冰箱中冷藏鬆弛。
6 麵團變冷後取出，切分成100g（8等分），並揉成圓形。
7 鋪排到烤盤上，於麵團表面抹上蛋液，接著放入事先預熱好的烤箱中，以175℃烤25分鐘即完成。

TIP

❺ 製作時請放輕力道，避免過度操作，以致麵團出筋過硬，影響口感。
❼ 司康要烤到中間也完全熟透，口感才會酥脆，否則會過於濕軟、有麵粉味。

Almond cake

06
焦糖杏仁蛋糕

INGREDIENTS

⧅ 10X10cm 四方形
□ 1 個

杏仁蛋糕麵團

無鹽奶油 46g
砂糖 9g
焦糖（參考P40） 10g
糖粉 12g
鹽 0.5g
雞蛋（常溫） 13g
蛋黃（常溫） 10g
低筋麵粉 60g
焦糖杏仁（參考P46） 36g
糖漬柳橙皮 20g
柳橙皮屑 0.4g
君度橙酒 4g

其他

手粉 適量
無鹽奶油 適量
糖粉 適量

HOW TO MAKE

杏仁蛋糕麵團＼

1 碗中放入無鹽奶油，使用電動攪拌器稍微打軟、打散。

2 加入砂糖、焦糖、糖粉和鹽拌勻。

3 慢慢加入常溫狀態的雞蛋和蛋黃，一邊攪拌。

4 加入過篩的低筋麵粉和以食物調理機攪碎的焦糖杏仁，攪拌均勻。

5 加入切碎的糖漬柳橙皮、柳橙皮屑和君度橙酒拌勻，再放冰箱冷藏。

6 麵團變硬後，切分成13g（16個），撒一些手粉，搓成圓形，再次放進冰箱中冷藏鬆弛，讓麵團變硬。

7 準備10X10X2cm的四方形模具，抹上一層薄薄的無鹽奶油備用。將麵團排入模具中，接著放入事先預熱好的烤箱中，以175℃烤22分鐘。烤好放涼後脫模，再均勻撒上糖粉即完成。

TIP

❻、❼ 圓形麵團要在冰涼、變硬後再放入模具中，形狀才會固定。

❼ 麵團本身顏色偏深，很容易誤以為烘烤完成，需特別留意，以免烤不夠、香氣出不來。

Orange-caramel madeleine

07
香橙焦糖瑪德蓮

INGREDIENTS

瑪德蓮模具
12 個

焦糖瑪德蓮麵糊

雞蛋（常溫） 37g
蛋黃（常溫） 37g
砂糖 44g
焦糖（參考P40） 44g
鹽 0.5g
焦糖糖漿（參考P42） 15g
中筋麵粉 40g
杏仁粉 40g
無鋁泡打粉 1.6g
無鹽奶油 77g
柳橙皮屑 1g

香橙奶油醬

雞蛋 40g
砂糖 24g
玉米粉 4g
柳橙汁 24g
柳橙果泥 14g
柳橙皮屑 0.8g
無鹽奶油 28g
君度橙酒 6g

焦糖糖霜

糖粉 55g
焦糖糖漿（參考P42） 11g
水 10g

其他

無鹽奶油 適量
手粉（任何麵粉皆可） 適量

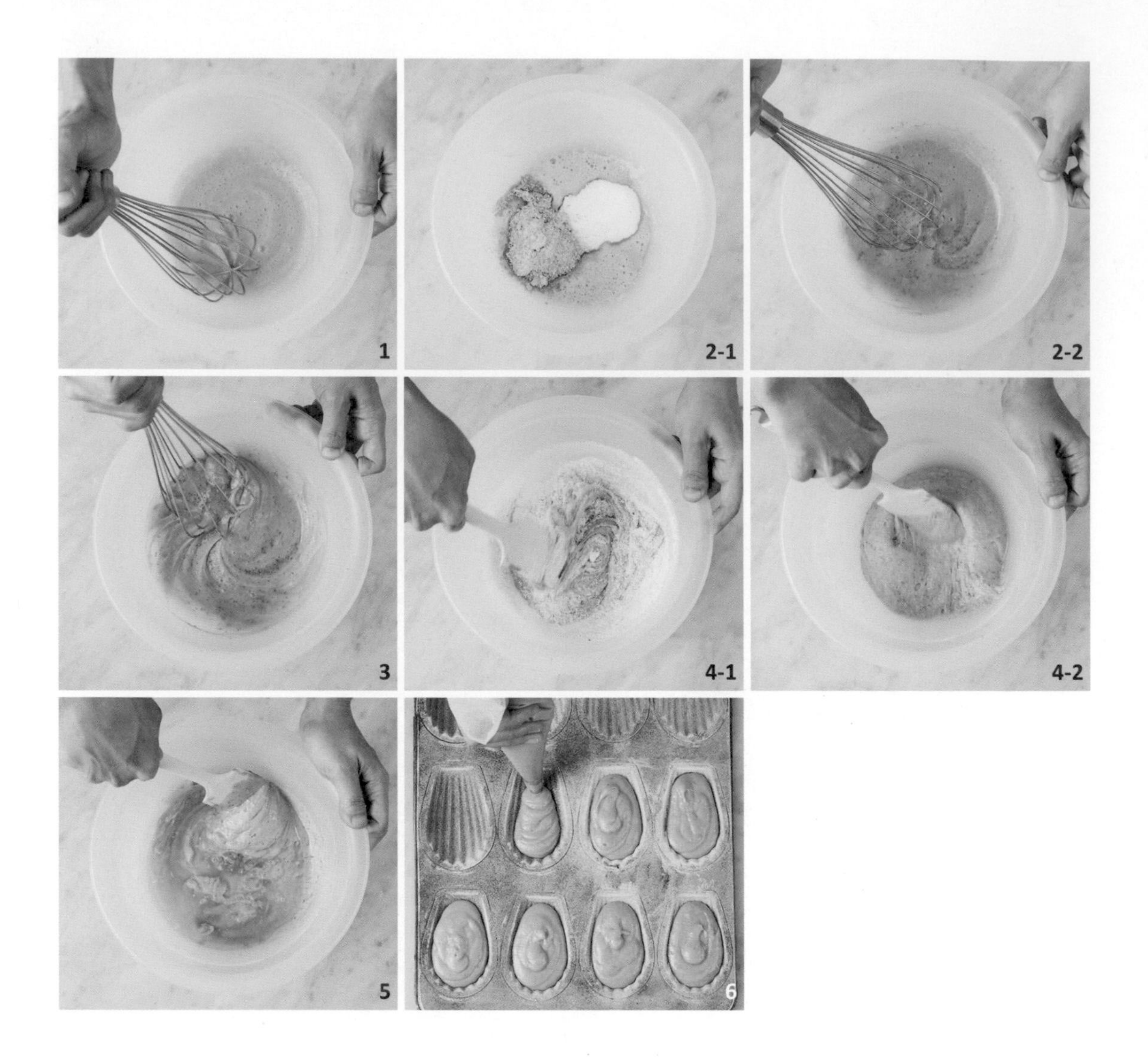

HOW TO MAKE

焦糖瑪德蓮麵糊 ＼

1 碗中放入常溫狀態的雞蛋和蛋黃，輕輕攪拌。

2 加入砂糖、焦糖和鹽攪拌。

3 再加入焦糖糖漿拌勻。

4 接著加入過篩的中筋麵粉、杏仁粉和無鋁泡打粉攪拌。

5 加入以50℃融化的無鹽奶油和柳橙皮屑攪拌後，蓋上保鮮膜，放入冰箱中冷藏鬆弛1個小時。

6 將麵糊放入擠花袋中，瑪德蓮模具先抹奶油、撒手粉，再擠入9分滿的麵糊。接著放入事先預熱好的烤箱中，以185℃烤10分鐘，稍微放涼後即可脫模。

TIP

❶～❸ 攪拌至均勻溶合即可，避免過度攪拌導致過度膨脹。

❻ 在瑪德蓮模具上抹奶油、撒手粉後，倒扣拍除多餘的粉。

香橙奶油醬 ＼

7 碗中放入雞蛋和砂糖，充分攪拌至呈淺黃色。

8 加入過篩的玉米粉。

9 加入加熱的柳橙汁、柳橙果泥和柳橙皮屑。

10 快速攪拌並用微波爐加熱多次，直到完全滾開、冒泡。

11 加入無鹽奶油和君度橙酒攪拌均勻後，包覆保鮮膜，放入冰箱冷藏至完全冷卻。

TIP

❿ 如果製作的分量不多，用微波爐加熱可以避免水分過度蒸發，操作上也相當便利，不過必須要短時分次加熱。

12-1

12-2

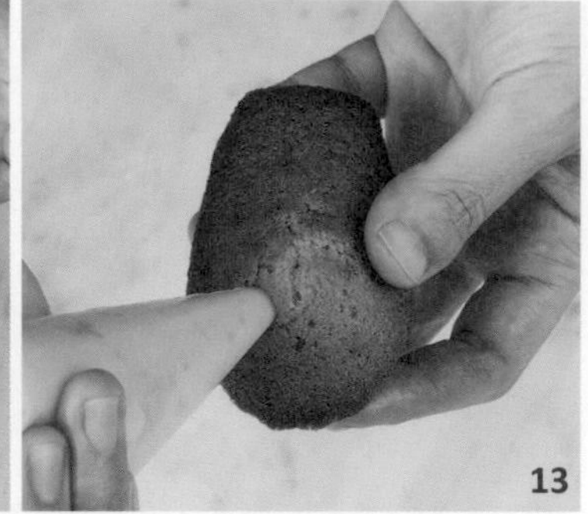
13

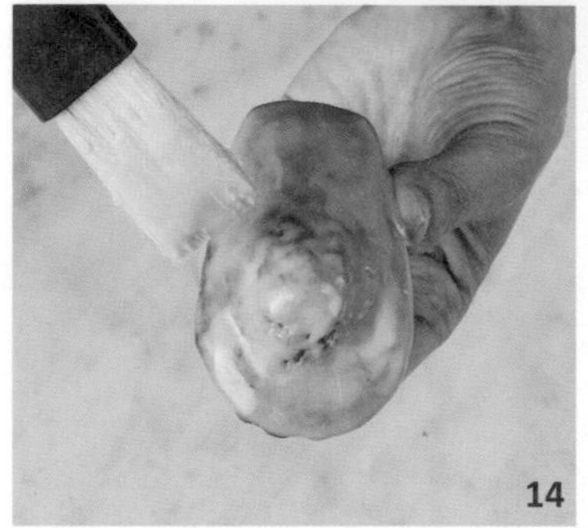
14

焦糖糖霜 ＼

12 碗中加入糖粉、焦糖糖漿和水，充分拌勻即可。

組合 ＼

13 將步驟⑪的香橙奶油醬裝入擠花袋中，在步驟⑥烤好的瑪德蓮中間擠10g。

14 確認瑪德蓮充分放涼後，在瑪德蓮的前後兩面都刷上步驟⑫的焦糖糖霜，接著放入170℃的烤箱中烤2～3分鐘即完成。

TIP

⓮ 把刷上糖霜的瑪德蓮先放到冷卻網上，再進烤箱烤乾，烤完後要盡快取出，晃動冷卻網，避免瑪德蓮放涼後沾黏。

Salted caramel financier

08
海鹽焦糖費南雪

INGREDIENTS

費南雪模具
12 個

焦化奶油

無鹽奶油 90g

焦糖費南雪麵糊

蛋白（常溫） 90g
砂糖 31g
蜂蜜 9g
焦糖醬（參考P44） 104g
低筋麵粉 58g
杏仁粉 58g
糖粉 68g
無鋁泡打粉 2.3g
焦化奶油（取自左列成品）70g

其他

無鹽奶油 適量
海鹽 適量

HOW TO MAKE

焦化奶油 ＼

1 將無鹽奶油放入鍋中，以小火慢慢加熱，不要攪拌，直到呈現淡褐色、散發榛果香。

2 關火後過篩。

3 放入冰塊水中，降溫至約50℃。

焦糖費南雪麵糊 ＼

4 碗中加入常溫狀態的蛋白和砂糖，輕輕攪拌至均勻。

5 加入蜂蜜和焦糖醬拌勻。

6 接著加入過篩的低筋麵粉、杏仁粉、糖粉和無鋁泡打粉，攪拌均勻。

TIP

❶、❷ 先將奶油加熱至呈淡咖啡色，再過篩使用。如果喜歡濃厚的奶油香，也可以不過篩直接使用。

7-1

7-2

8

9

7 加入步驟③的焦化奶油攪拌均勻後，包覆保鮮膜，放入冰箱中冷藏鬆弛約1小時。

8 將冷藏過的麵糊裝入擠花袋中，再擠入抹好奶油的費南雪模具中，大約擠至9分滿。

9 均勻地撒一點海鹽後，放入事先預熱好的烤箱中，以200℃烤10分鐘，取出後脫模即完成。

TIP

❾ 本書食譜使用海鹽，也可依個人喜好使用其他不過鹹的鹽。

Marshmallow brownies

09

焦糖棉花糖布朗尼

INGREDIENTS

☒ 13.5X13.5cm 四方形

☐ 2 個

焦糖布朗尼麵糊

雞蛋（常溫） 76g
焦糖（參考P40） 56g
焦糖巧克力A 96g
無鹽奶油 76g
低筋麵粉 90g
無鋁泡打粉 3g
焦糖巧克力B 58g

吉利丁塊

吉利丁粉 9g
水 45g

焦糖棉花糖

砂糖 152g
熱水 72g
轉化糖漿A 60g
轉化糖漿B 68g
吉利丁塊（取自上列成品） 54g
無鹽奶油 12g
鹽 2g

焦糖巧克力醬

焦糖巧克力 126g
鮮奶油 62g
焦糖醬（參考P44） 42g

HOW TO MAKE

焦糖布朗尼麵糊 ＼

1 碗中放入常溫狀態的雞蛋和焦糖，輕輕攪拌。
2 加入以30℃融化的焦糖巧克力A、無鹽奶油攪拌。
3 加入過篩的低筋麵粉和無鋁泡打粉，拌至黏稠狀。
4 加入切碎成適當大小的焦糖巧克力B拌勻。
5 在13.5X13.5X4.5cm的四方形模具中鋪烘焙紙，倒入麵糊，接著放入事先預熱好的烤箱中，以170℃烤11分鐘即可。

TIP

❷、❹ 市面上販售的焦糖巧克力十分多元，顏色和口味也各不相同，書中統一使用Felchlin菲荷林焦糖巧克力（36%）。另也推薦使用Cacao Barry可可巴芮焦糖札飛巧克力（56%）、Valrhona Caramelia法芙娜焦糖巧克力（36%）。

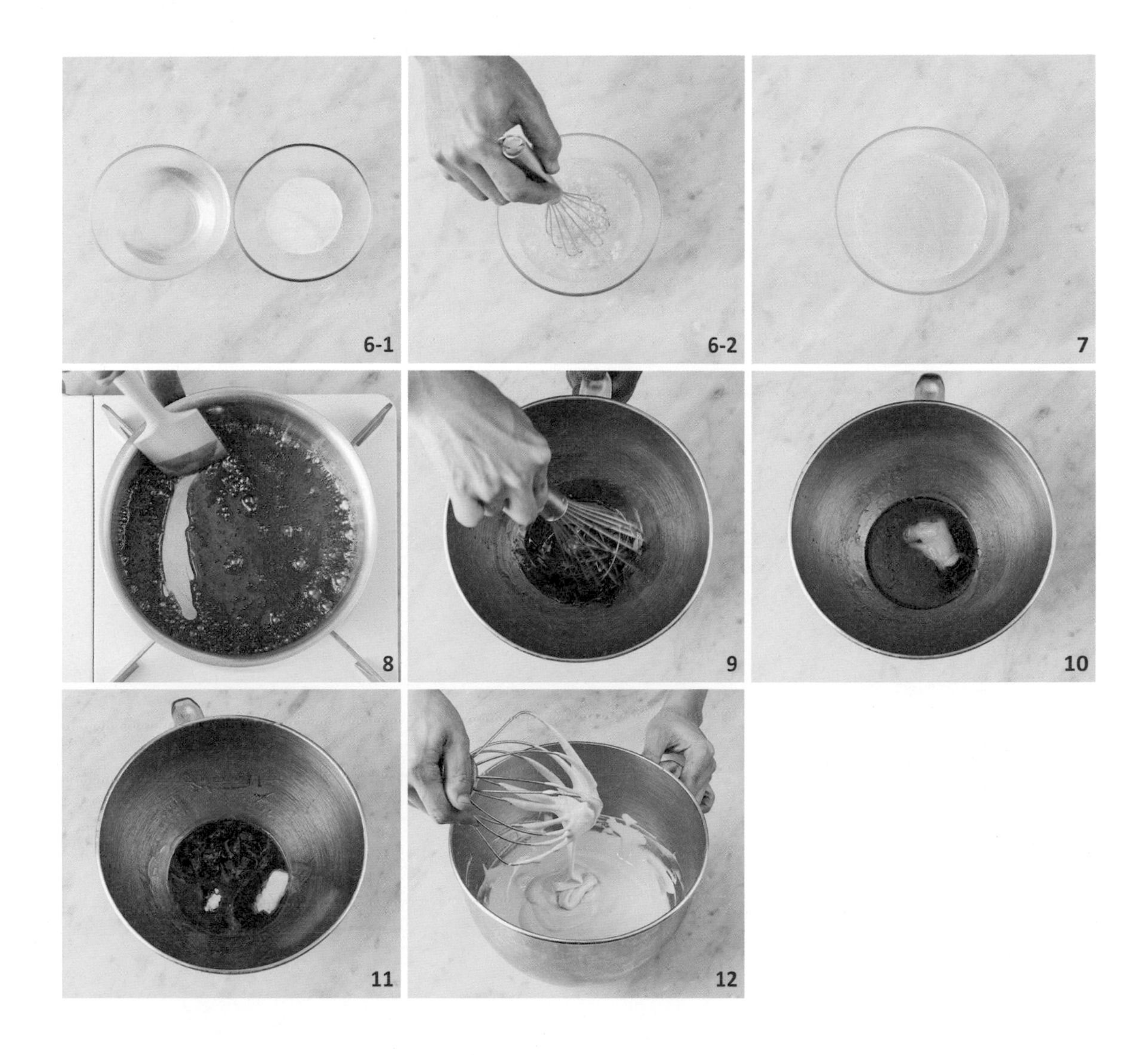

吉利丁塊 ＼

6 碗中倒入吉利丁粉（膠化能力：200-bloom）和水拌勻。

7 融化成黏稠狀後，放入冰箱凝固。

焦糖棉花糖 ＼

8 鍋中加入砂糖，以小火慢慢煮至呈褐色，使其焦糖化。

9 移入調理盆中，加入熱水攪拌（參考P12）。

10 加入轉化糖漿A。

11 放涼後加入轉化糖漿B、步驟⑦的吉利丁塊、無鹽奶油和鹽。

12 以電動攪拌器快速攪拌直到呈現不透明的濃稠狀，再以中速繼續拌至滑順即可。

TIP

❻～❼ 吉利丁粉和水的比例是1:5。若使用吉利丁片，請準備和吉利丁粉同樣的分量，泡冷水後的重量要和吉利丁粉加水後一樣。例如：吉利丁塊6＝吉利丁粉1＋水5＝吉利丁片1＋泡過的水5

❽～⓬ 焦糖棉花糖的製作分量如果比本書食譜還少，會不容易製作。

焦糖巧克力醬 ＼

13 焦糖巧克力以30℃融化，加入加熱至微滾的鮮奶油和焦糖醬拌勻。

14 以電動攪拌器充分攪拌均勻，並避免空氣進入，包覆保鮮膜後，放入冰箱中冷藏一天，讓焦糖巧克力醬凝固。

組合 ＼

15 在步驟⑤已冷卻的焦糖布朗尼上鋪滿步驟⑫的焦糖棉花糖，放入冰箱中冷藏。

16 焦糖棉花糖表面凝固後，再抹上一層步驟⑭的焦糖巧克力醬。

17 待完全凝固後，從模具中取出，再切成適當的大小即完成。

TIP

⓮、⓰ 焦糖巧克力醬要在完全凝固後使用，才能抹出想要的紋路。如果時間不足，可以放入冷凍庫中，並多次攪拌，加速凝固。

Fondant au chocolat et à la fève tonka

10

焦糖熔岩巧克力蛋糕

INGREDIENTS

- 直徑 7cm 圓形容器
- 3 個

焦糖牛奶塊

鮮奶油 316g
牛奶 236g
砂糖 126g
糖漿 34g
零陵香豆 3顆
無鹽奶油（室溫軟化） 34g

熔岩巧克力麵糊

雞蛋 69g
砂糖 40g
黑巧克力 78g
無鹽奶油 81g
低筋麵粉 27g
可可粉 11g

HOW TO MAKE

焦糖牛奶塊 ＼

1 鍋中加入鮮奶油和牛奶，以小火煮。

2 煮滾後加入砂糖、糖漿和磨碎的零陵香豆。

3 以小火一邊煮一邊慢慢攪拌。

4 煮至108℃後，加入室溫軟化的無鹽奶油，拌至溶化。

5 在14X14X3cm的模具底部鋪上耐熱保鮮膜，倒入步驟④鋪滿，再放入冰箱中冷藏，凝固後從模具中取出，分切成2X2cm。

TIP

❷ 如果沒有零陵香豆，可以用香草莢代替，將香草籽刮出後，加入鍋中一起攪拌。

熔岩巧克力麵糊 ＼

6 碗中放入隔水加熱至35℃的雞蛋液和砂糖，輕輕攪拌均勻。

7 加入以30℃融化的黑巧克力和無鹽奶油一起攪拌。

8 接著加入過篩的低筋麵粉和可可粉拌勻。

組合 ＼

9 將巧克力麵糊放入直徑7cm、高3.5cm的耐熱容器中，裝至半滿，再加入步驟⑤的焦糖牛奶塊1個。

10 再次加入巧克力麵糊至全滿，接著放入事先預熱好的烤箱中，以175℃烤7分鐘即完成。

TIP

⑩ 熔岩巧克力蛋糕不要烤太久，才能感受到柔順、奶油般的口感。

Nutella hazelnut

11

焦糖榛果小蛋糕

INGREDIENTS

☒ 5X5cm 四方形
☐ 8 個

蛋糕麵糊

杏仁膏 100g
無鹽奶油（室溫軟化） 150g
糖粉 83g
雞蛋（常溫） 135g
低筋麵粉 167g
無鋁泡打粉 3.5g

餡料・裝飾

榛果可可醬（Nutella） 120g
焦糖榛果（參考P48） 80g

其他

無鹽奶油 適量

HOW TO MAKE

蛋糕麵糊 ＼

1 碗中放入杏仁膏，用電動攪拌器打散。
2 慢慢分次加入室溫軟化的無鹽奶油拌勻（不要把奶油一次加入）。
3 再加入糖粉攪拌。
4 慢慢加入常溫的蛋液。
5 接著改用刮刀，加入過篩的低筋麵粉和無鋁泡打粉攪拌。
6 拌至整體柔滑、有光澤感即可。

TIP

❶ 如果杏仁膏過硬，可以放進微波爐中稍微加熱，讓杏仁膏變軟再攪打。
❷ 若一次加太多奶油，可能會無法融化，務必分批慢慢加入，並充分拌勻。

組合 ＼

7 將步驟⑥的蛋糕麵糊裝入擠花袋中，再擠入抹好奶油的5X5X5cm方形模具中。

8 將榛果可可醬放入擠花袋中，壓進麵糊中間各擠15g。

9 將焦糖榛果切成適當的大小，擺在麵糊上方各放10g。接著放入事先預熱好的烤箱中，以170℃烤27分鐘，放涼後從模具中取出即完成。

Gâteau à la banane

12 焦糖香蕉蛋糕

INGREDIENTS

4.5X17cm 四方形
2 個

焦糖香蕉

砂糖 22g
香蕉 120g
無鹽奶油 14g

蛋糕麵糊

無鹽奶油 60g
砂糖 44g
雞蛋（常溫） 42g
白巧克力 40g
低筋麵粉 50g
杏仁粉 50g
椰子粉 32g
無鋁泡打粉 3g
椰子果泥 20g
焦糖香蕉（取自左列成品） 140g

裝飾

香蕉 適量
30度波美糖漿 適量

其他

無鹽奶油 適量
手粉（任何麵粉皆可） 適量

HOW TO MAKE

焦糖香蕉 ＼

1 鍋中放入砂糖，以小火慢慢加熱，使其焦糖化。
2 加入切塊的香蕉攪拌，使表面裹上焦糖。
3 加入無鹽奶油快速攪拌至融化。
4 取出並放涼（參考P52）。

蛋糕麵糊 ＼

5 碗中放入無鹽奶油，用電動攪拌器打軟、打散。
6 加入砂糖攪拌。
7 慢慢加入常溫狀態的雞蛋攪拌。
8 加入以30℃融化的白巧克力攪拌。

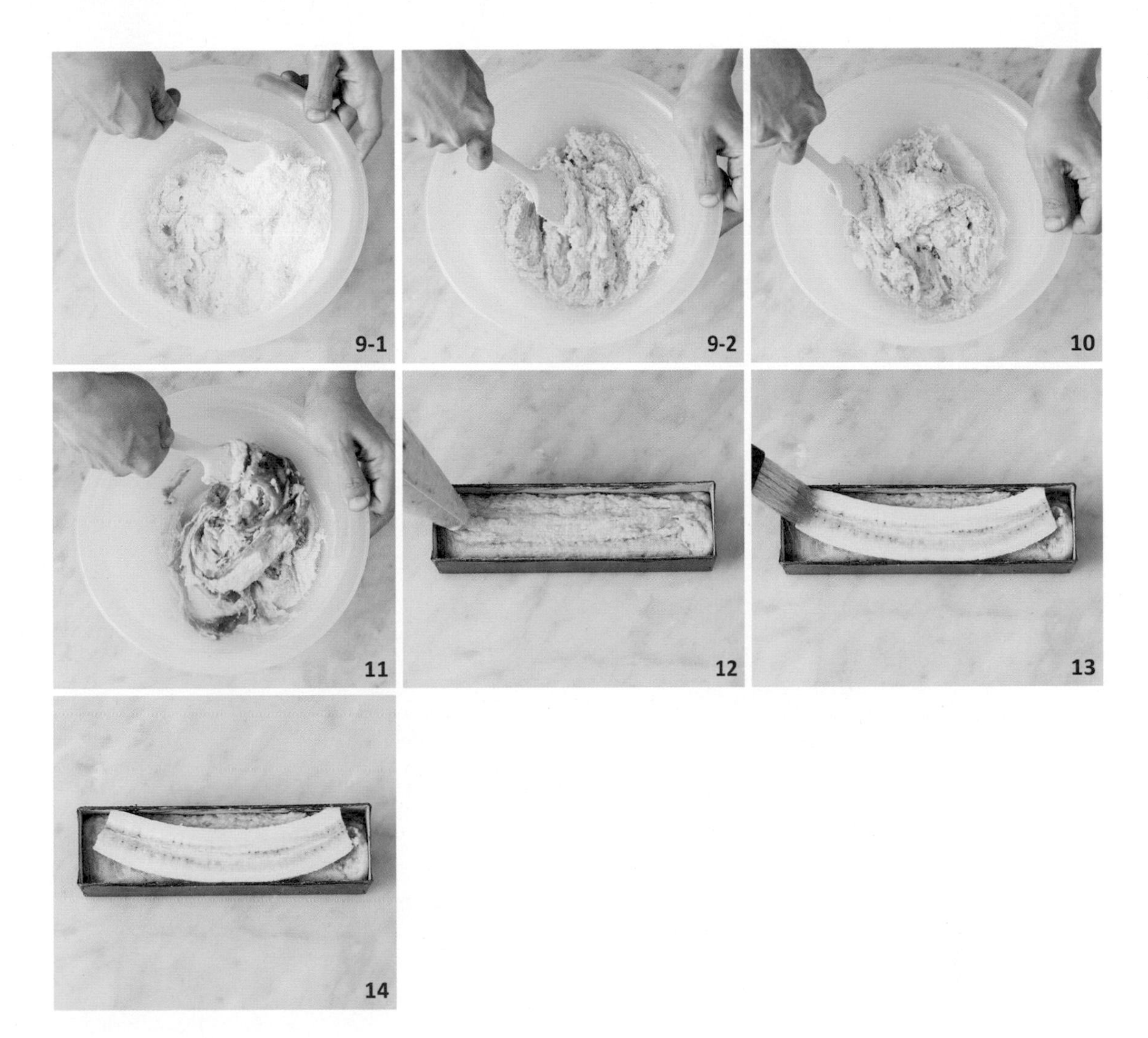

9 加入過篩的低筋麵粉、杏仁粉、椰子粉、無鋁泡打粉，用刮刀拌勻。

10 再加入椰子果泥攪拌。

11 加入步驟④的焦糖香蕉攪拌均勻即可。

組合 ＼

12 將步驟⑪的蛋糕麵糊放入擠花袋中，然後擠入抹好奶油、撒上手粉的4.5X17X4.5cm四方形模具中，一個約240g。

13 放上縱向切開的香蕉，並抹上30度波美糖漿。

14 接著放入事先預熱好的烤箱中，以170℃烤27分鐘後，從模具中取出即完成。

TIP

⓭ 30度波美糖漿製作：鍋中放入水和砂糖（水：砂糖 = 100：135）一起煮，煮滾溶化即完成。

Yuzu gugelhupf

13
柚子焦糖榛果咕咕霍夫

INGREDIENTS

⊖ 直徑 6.5cm 圓形
○ 8 個

柚子咕咕霍夫麵糊

無鹽奶油 80g
砂糖A 40g
雞蛋（常溫） 32g
蛋黃（常溫） 18g
蛋白（冷藏） 48g
砂糖B 24g
低筋麵粉 72g
榛果粉 70g
無鋁泡打粉 5g
柚子醬 70g
柚子果泥 20g
柚子皮屑 4g

焦糖榛果醬

焦糖巧克力 30g
焦糖醬（參考P44） 35g
焦糖榛果醬
（帕林內，參考P50） 10g

焦糖巧克力

焦糖巧克力 140g
葡萄籽油 40g
榛果 40g

其他

無鹽奶油 適量

HOW TO MAKE

柚子咕咕霍夫麵糊 ＼

1 碗中放入無鹽奶油，用電動攪拌器打軟、打散。

2 加入砂糖A攪拌。

3 慢慢加入常溫狀態的雞蛋和蛋黃，並充分攪拌。

4 另一個碗中加入冷藏的蛋白，用電動攪拌器開始打至起泡。

5 砂糖B分三次加入蛋白中，持續攪拌成尖角明顯、不會流動的蛋白霜。

6 在步驟③中加入1/3的蛋白霜，並輕輕翻拌混合。

TIP

❹、❺ 製作蛋白霜時，若在開始起蛋白泡前就加入大量砂糖，會使蛋白的起泡力降低，導致無法做出輕盈而扎實的蛋白霜。

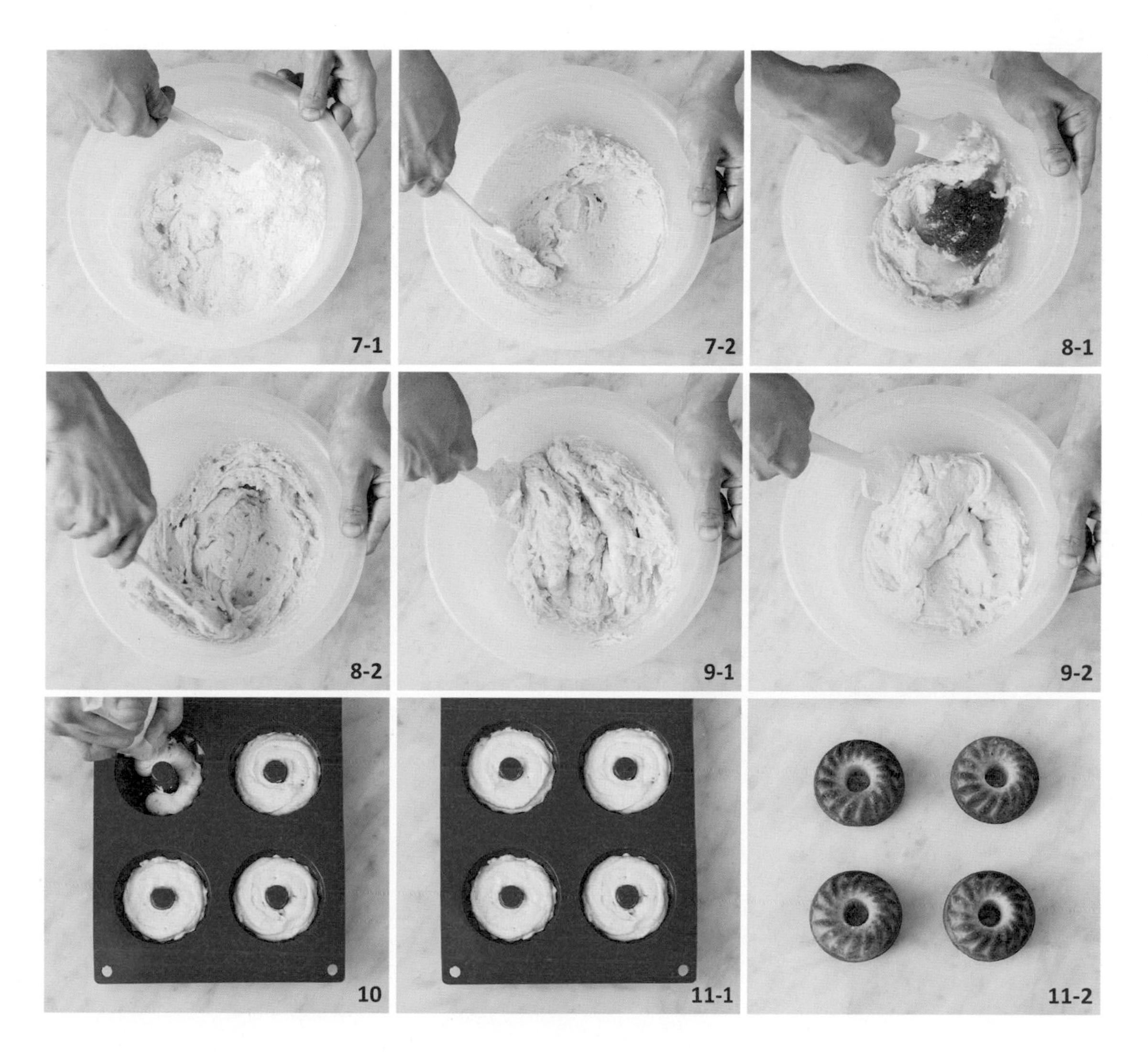

7 接著加入過篩的低筋麵粉、榛果粉、無鋁泡打粉翻拌。

8 再加入柚子醬、柚子果泥、柚子皮屑翻拌。

9 將步驟⑥剩下的蛋白霜再分兩次加入，並輕輕翻拌混合。

10 把麵糊裝入擠花袋中，再擠入抹好奶油的直徑6.5cm、高3cm的圓形烤模中。

11 放入事先預熱好的烤箱中，以170℃烤20分鐘後，從烤模中取出放涼。

TIP

❽ 如果沒有柚子醬或柚子果泥，可以用檸檬醬或檸檬果泥代替。

❻～❿ 盡可能迅速完成翻拌混合步驟，避免蛋白霜消泡。

焦糖榛果醬 ＼

12 在以30℃融化的焦糖巧克力中，加入焦糖醬攪拌。

13 再加入焦糖榛果醬拌勻即可。

焦糖巧克力 ＼

14 在以30℃融化的焦糖巧克力中，加入葡萄籽油攪拌，再加入烤過、放涼、壓碎的榛果拌勻。

組合 ＼

15 將步驟⑪的蛋糕放入融化的步驟⑭中，均勻地裹上一層巧克力。

16 若邊緣有巧克力流出來，趁凝固前先修整一下邊緣。

17 等到蛋糕外層的巧克力稍微變乾後，將步驟⑬的焦糖榛果醬放入擠花袋中，擠在蛋糕中間的凹洞裡即完成。

TIP

⓯、⓰ 裹上一層薄薄的焦糖巧克力後，請將多餘的部分去除。

Caramel canelés

14
焦糖可麗露

INGREDIENTS

⊖ 直徑 5.5cm 圓形
○ 8 個

焦糖可麗露麵糊

牛奶 100g
鮮奶油 120g
砂糖 106g
焦糖糖漿（參考P42） 65g
無鹽奶油 30g
低筋麵粉 44g
高筋麵粉 15g
雞蛋 52g
蛋黃 30g
黑蘭姆酒 21g

其他

蜂蠟 適量
焦糖醬（參考P44） 適量

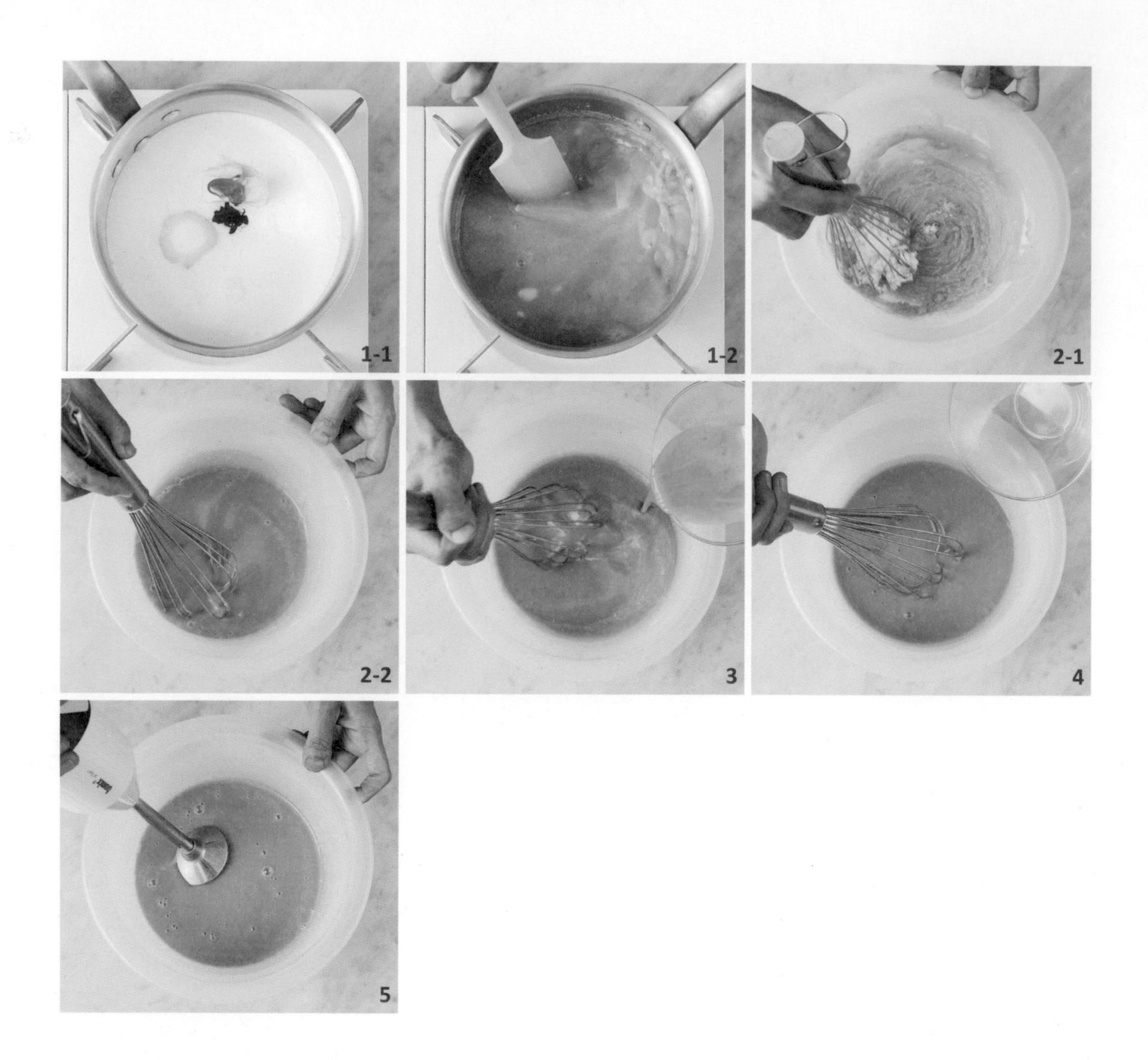

HOW TO MAKE

焦糖可麗露麵糊 ＼

1 鍋中加入牛奶、鮮奶油、砂糖、焦糖糖漿、無鹽奶油，以小火煮至溶化均勻。

2 將步驟①慢慢倒入過篩的低筋麵粉和高筋麵粉中，一邊攪拌。

3 再加入雞蛋和蛋黃攪拌。

4 加入黑蘭姆酒攪拌。

5 以電動攪拌器充分拌勻，注意避免空氣進入。然後過篩，覆蓋保鮮膜，再放入冰箱冷藏熟成三天。

TIP

❺ 要做出可麗露獨特的口感和風味，務必讓麵糊充分熟成後再烤。

6

7

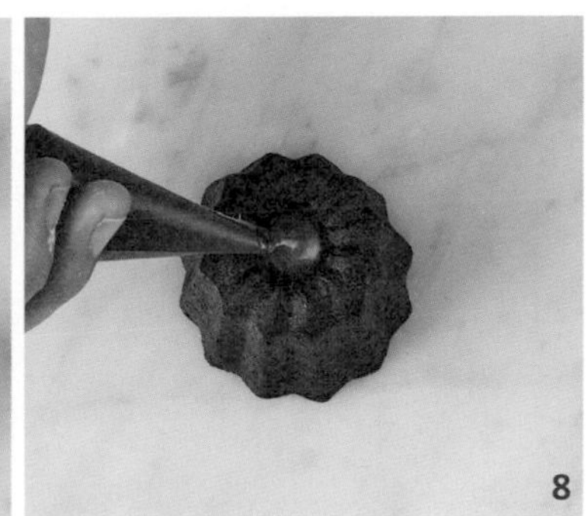
8

組合 ＼

6 將加熱融化的蜂蠟抹到直徑5.5cm、高4.5cm的可麗露烤模中，再倒放讓蜂蠟凝固。

7 將步驟⑤的焦糖可麗露麵糊填入烤模中，一個65g。再放入事先預熱好的烤箱中，先以230℃烤10分鐘，接著再調成175℃烤40分鐘，即可從烤模中取出放涼。

8 將焦糖醬放入擠花袋中，填滿可麗露上方中間的凹洞即完成。

TIP

❻ 如果沒有蜂蠟，可以先抹奶油再撒一點糖粉，不過酥脆口感會略遜一些。

❼ 如果麵糊烤到膨出烤模外，請從烤箱中取出輕敲烤模、使麵糊縮回烤模中，或在烤好前5分鐘以鐵板壓烤模上緣。如果使用對流式烤箱，可以在降到175℃時放鐵板，避免表面顏色過深。

berger, der
was er nur irgend
der tief erschütterte
abgewiesen, und es war
wesen, was auch immer in dieser Angelegenheit
Aber der Brief Wolffs hatte ihm gezeigt, daß er ihn
mit voller Sicherheit für den künftigen Gatten
und dadurch seinen Willen gestärkt,
ein wenig freier fühlte, um sie zu
Nachdem der Blitz ihm

Lemon-almond dacquoise

15
檸檬焦糖杏仁達克瓦茲

INGREDIENTS

⊖ 直徑 5.5cm 圓形
○ 8 個

達克瓦茲麵糊

蛋白 90g
砂糖 33g
檸檬皮屑 0.5g
杏仁粉 41g
糖粉 41g
低筋麵粉 9g

焦糖杏仁奶油

無鹽奶油 126g
焦糖杏仁醬
（帕林內，參考P50） 60g
煉乳 34g
檸檬皮屑 1.5g

其他

糖粉 適量
杏仁片 適量

HOW TO MAKE

達克瓦茲麵糊 ＼

1 碗中放入蛋白，以電動攪拌器攪拌至出現綿密的白色泡沫。

2 分三次加入砂糖持續攪拌，打成尖角明顯、不會流動的蛋白霜。

3 加入檸檬皮屑攪拌。

4 再加入過篩的杏仁粉（事先以170℃烤7分鐘後放涼）、糖粉、低筋麵粉，輕輕地翻拌均勻。

5 烤盤上鋪烘焙紙，排上直徑5.5cm、高1cm的圓形模具。將麵糊裝入擠花袋中，擠入模具內。

6 利用蛋糕刀或刮板將表面刮平、整理乾淨後，輕輕地向上提起模具。

TIP

❹ 杏仁粉烤過後再使用，香氣更明顯。

❺、❻ 先在模具內側抹一點水，再冷凍使用，取下時麵糊側邊才會光滑。

7 使用細篩網均勻撒上糖粉。

8 擺上烤好的杏仁片(一個約2片)。

9 再次均勻撒糖粉後,放入事先預熱好的烤箱中,以185℃烤8～9分鐘。

焦糖杏仁奶油 ＼

10 碗中放入室溫軟化的無鹽奶油、焦糖杏仁醬、煉乳、檸檬皮屑,以電動攪拌器充分拌勻即可。

組合 ＼

11 將步驟⑩的焦糖杏仁奶油放入擠花袋中,裝上直徑1cm的圓形花嘴,以螺旋狀擠在烤好放涼的步驟⑨達克瓦茲上,一個擠25g。

12 蓋上另一片達克瓦茲,稍微壓合即完成。

Passion-mango macarons

16
百香果芒果馬卡龍

INGREDIENTS

⊖ 直徑 4.5cm 圓形
◯ 10 個

蛋白霜

砂糖A 110g
水 40g
蛋白 50g
砂糖B 10g
蛋白霜粉 0.5g

馬卡龍麵糊

蛋白 24g
食用色素 適量
杏仁粉 64g
糖粉 64g
蛋白霜（取自上列成品） 80g

焦糖英式蛋奶醬

砂糖 42g
鮮奶油 42g
蛋黃 23g

焦糖奶油霜

無鹽奶油 80g
焦糖英式蛋奶醬
（取自上列成品） 50g
蛋白霜（取自左列成品） 16g

百香果芒果內餡

芒果果泥 40g
百香果果泥 30g
砂糖 17g
NH果膠 1.5g
糖漿 17g
吉利丁塊（參考P95） 14g

HOW TO MAKE

蛋白霜 ＼

1 鍋中加入砂糖A和水，以小火慢慢加熱。

2 在煮至約105℃時，在另一個碗中放入蛋白、砂糖B和蛋白霜粉，用電動攪拌器開始打發。

3 等到步驟①的糖水煮到118℃時，慢慢倒入步驟②的蛋白霜中，並高速攪拌。

4 糖水全部倒入後，以中速持續攪拌至變成有光澤感、硬挺的狀態，降溫至40℃左右。

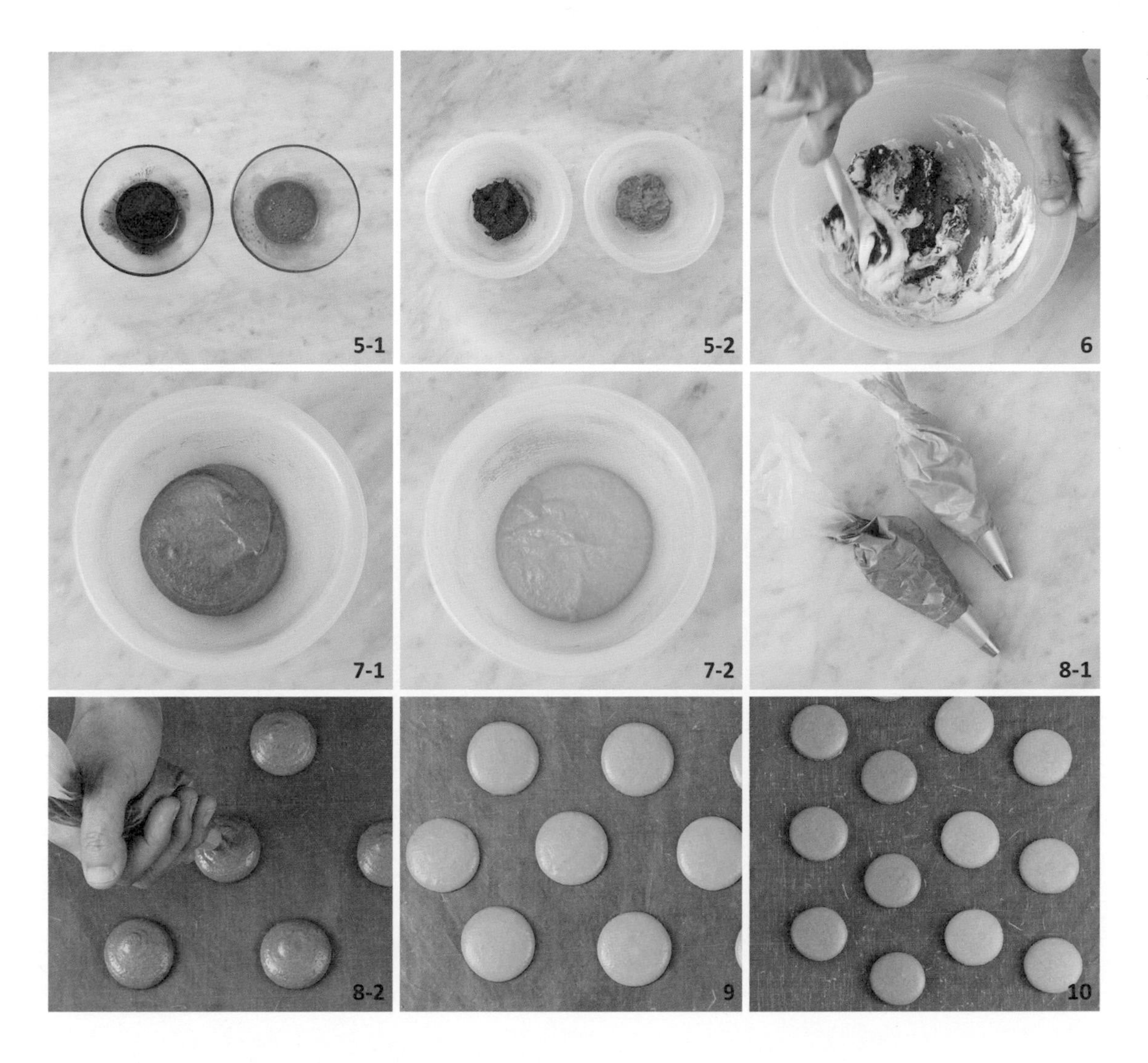

馬卡龍麵糊 ＼

5 蛋白加少許喜歡的顏色色素混合，再加杏仁粉、糖粉，攪拌至柔順。
6 分三次加入步驟④的蛋白霜（各色麵團各80g）翻拌均勻。
7 輕輕攪拌至適當的濃稠度。
8 將麵糊分別裝入擠花袋中，使用直徑1cm的圓形花嘴，擠成直徑4.5cm的圓形。
9 放乾至表面不沾手。
10 接著放入事先預熱好的烤箱中，以150℃烤6分鐘，再轉145℃烤6分鐘即可。

TIP

❺ 調色時顏色建議比預期稍深，因為之後加入蛋白霜時，顏色還會變淺。
❼ 濃度太稠或太稀都不行，大約要到表面微膨、光滑的程度。
❽ 擠完後輕敲烤盤旁邊，讓麵糊上方突出的部分自然向外延伸。

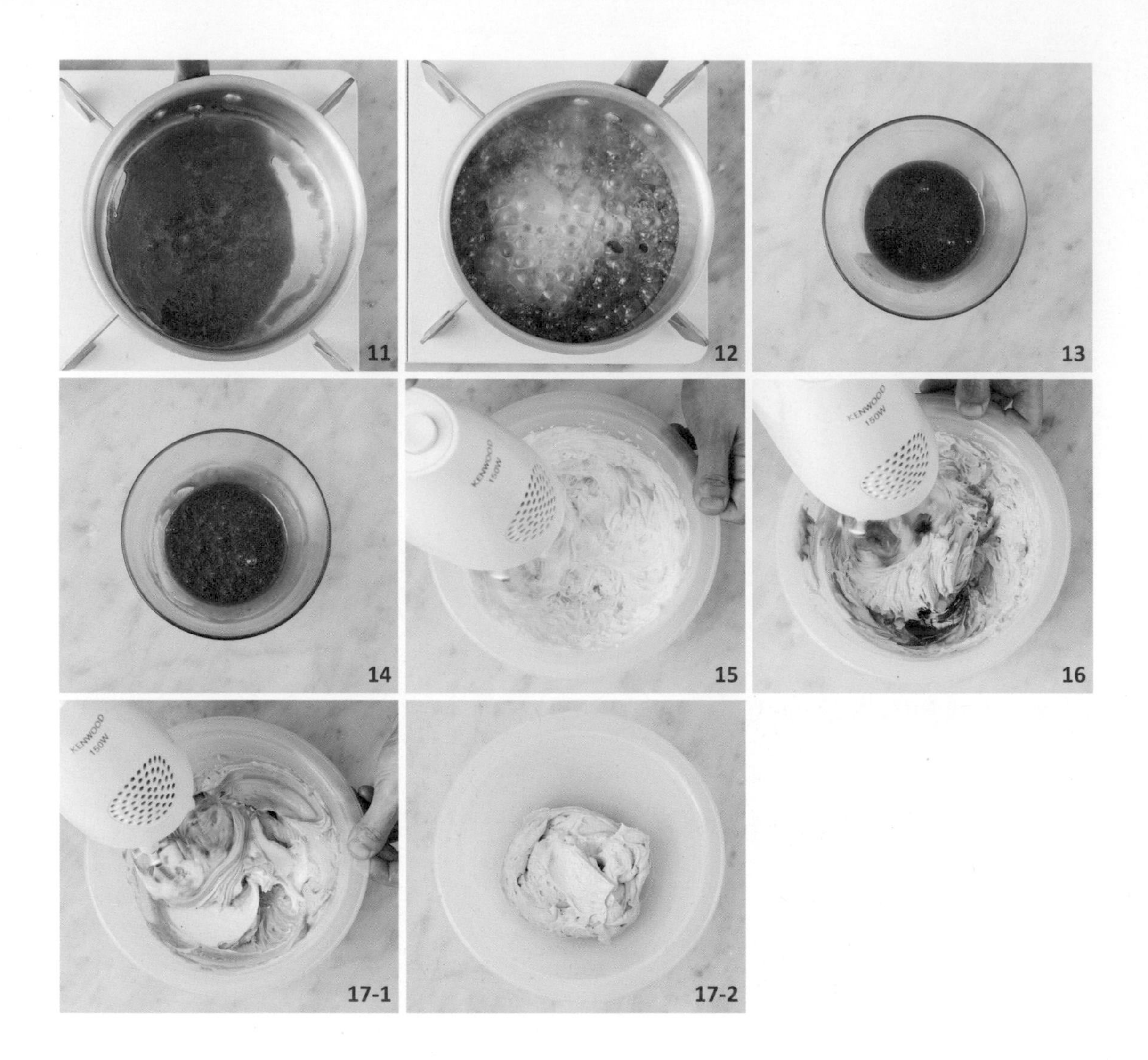

焦糖英式蛋奶醬 ＼

11 鍋中加入砂糖，以小火慢慢加熱，使其焦糖化。

12 慢慢加入加熱到微滾的鮮奶油，攪拌後放涼（參考P44）。

13 將著把蛋黃分批加入並攪拌均勻。

14 微波多次加熱至82℃，再以電動攪拌器攪拌至柔順，然後過濾、降溫至25℃左右。

焦糖奶油霜 ＼

15 碗中放入無鹽奶油，用電動攪拌器攪拌至柔軟。

16 分批加入步驟⑭的焦糖英式蛋奶醬，並充分拌勻。

17 再加入步驟④的蛋白霜，並輕輕混合均勻。

TIP

⓮ 如果分量不多，直接用微波加熱，可以避免水分過度蒸發，也較為方便。

百香果芒果內餡 ＼

18 鍋中加入芒果果泥和百香果果泥，以小火加熱。

19 煮到40℃時，加入事先混合好的NH果膠與砂糖、糖漿，快速攪拌。

20 充分起泡後關火，加入吉利丁塊，溶化後放涼。

組合 ＼

21 將步驟⑰的焦糖奶油霜裝入擠花袋中，用直徑0.8cm的圓形花嘴，以螺旋狀擠到放涼的步驟⑩馬卡龍背面（一個各擠10g）。

22 將步驟⑳的百香果芒果內餡裝入擠花袋，擠在馬卡龍背面正中間。

23 蓋上另一片馬卡龍，輕壓合起即完成。

TIP

⓳ 先將NH果膠加砂糖攪拌後再使用，才不會容易結塊。

Caramel roll cake

17 焦糖蛋糕捲

INGREDIENTS

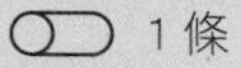

24X9cm 蛋糕捲

1 條

舒芙蕾麵糊

牛奶A 12g
無鹽奶油 44g
低筋麵粉 66g
牛奶B 44g
雞蛋（常溫） 55g
蛋黃（常溫） 66g
蛋白（冷藏） 100g
砂糖 66g

焦糖奶油

鮮奶油 306g
焦糖糖漿（參考P42） 54g
焦糖醬（參考P44） 65g
砂糖 17g
鹽 1.5g
棕可可香甜酒 4g

焦糖糖霜

砂糖 90g
糖漿 18g
鮮奶油 180g
吉利丁塊（參考P95） 21g
鹽 0.6g

HOW TO MAKE

舒芙蕾麵糊 ＼

1 鍋中加入牛奶A和無鹽奶油，以小火慢慢煮滾。
2 關火，加入過篩的低筋麵粉，攪拌至看不見顆粒。
3 壓拌成團後，開火，以小火炒30秒，整體冒煙後關火。
4 放入碗中，加入60℃的牛奶B攪拌。
5 分批慢慢加入常溫狀態的雞蛋和蛋黃，攪拌均勻後過篩。
6 在另一個碗中放入蛋白，以電動攪拌器攪拌至起泡。
7 分三次加入砂糖，打發成柔軟、不會滴落的蛋白霜。

8 將步驟⑦的蛋白霜加入步驟⑤的麵糊，輕輕翻拌均勻。

9 在27X27cm的四方形烤盤上鋪烘焙紙，再倒入步驟⑧，並抹平表面。

10 輕敲烤盤底部，讓裡頭的氣泡震出來後，放入事先預熱好的烤箱中，以180℃烤10分鐘。

焦糖奶油 ＼

11 碗中放入鮮奶油、焦糖糖漿、焦糖醬、砂糖，以電動攪拌器充分攪拌均勻。

12 整體變柔順後，加入鹽和棕可可香甜酒攪拌，做成硬奶油。

TIP

⓫、⓬ 焦糖奶油若太軟，會不容易放乾而且容易散開，請務必做得硬一些。泡冰水攪拌也可以幫助奶油變硬。

焦糖糖霜 ＼

13 鍋中加入砂糖和糖漿，以小火慢慢加熱，使其焦糖化。

14 關火，慢慢加入加熱至微滾的鮮奶油，並一邊攪拌（參考P44）。

15 稍微放涼後加入吉利丁塊和鹽，融化後放涼，再以電動攪拌器拌至柔順，注意避免空氣進入。完成後放入冰箱冷藏一天，使用前隔水加熱至40℃，再以攪拌器攪拌、放涼後使用。

TIP

⓭～⓮ 焦糖糖霜若太稀或太稠會不好包覆蛋糕捲，攪拌時要避免空氣進入，並掌握好濃度。

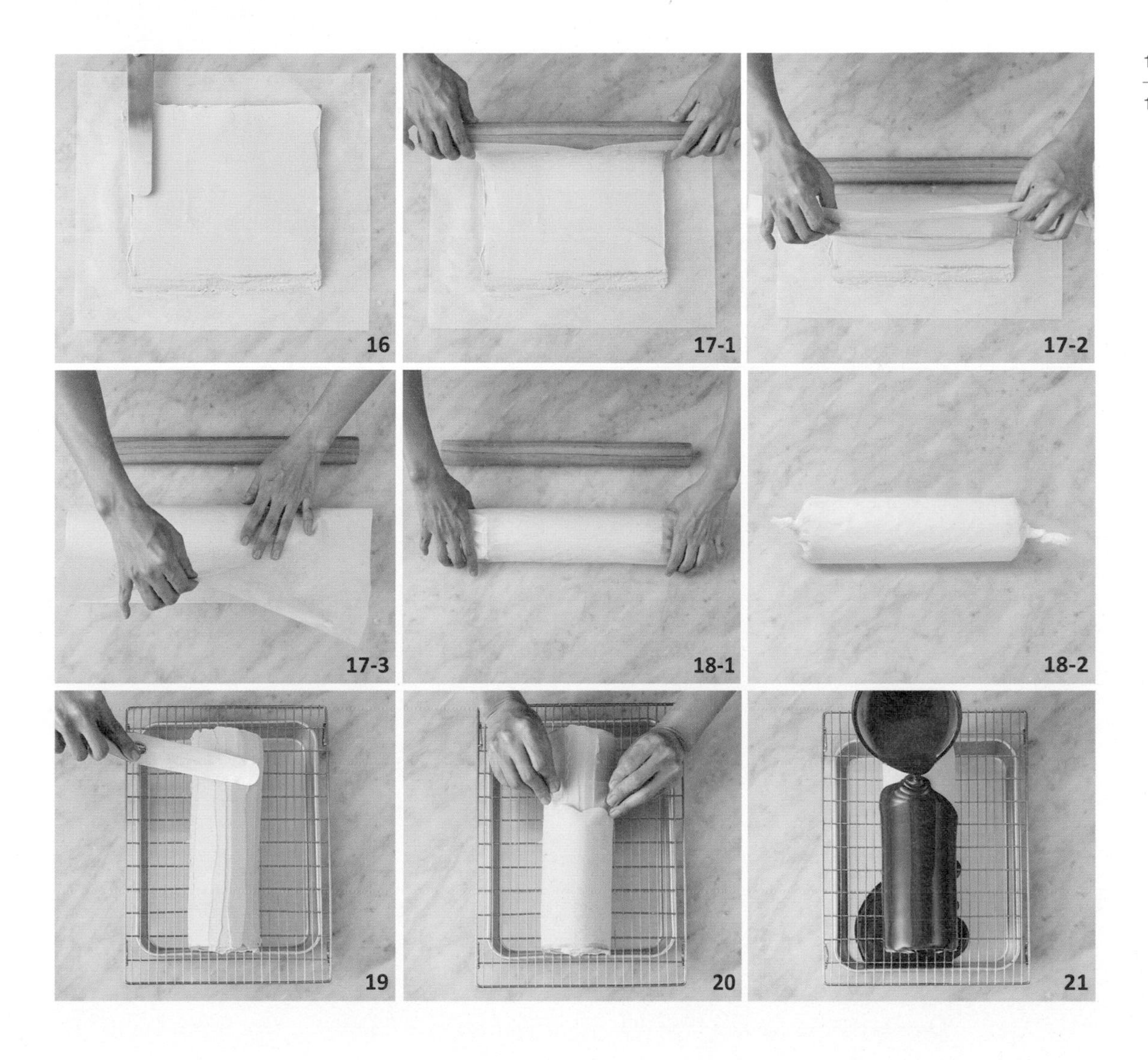

組合 ＼

16 工作台上鋪上白報紙，擺上放涼的步驟⑩舒芙蕾蛋糕體，接著均勻抹上步驟⑫的焦糖奶油。

17 將擀麵棍放在靠身體那側，貼著白報紙的背面拉起，讓蛋糕體往前抬起，再以雙手拉住白報紙末端後向前捲起。

18 將兩端的白報紙捲緊，完整包覆蛋糕捲後，將接縫處朝下放，放入冰箱中冷藏。

19 形狀固定後，放到冷卻網上，在表面抹一層薄薄的焦糖奶油。

20 利用可捲成圓弧形的OPP膠膜（蛋糕圍邊）整理表面，讓表面變光滑。

21 淋上步驟⑮的焦糖糖霜，再整理邊緣多餘的部分。放入冰箱凝固後，切成適當的大小即完成。

TIP

⑱ 冷藏時形狀可能會跑掉，中間可以稍微調整一下。

2009年春天，我決定在當時最熱鬧的新沙洞鬧區開一間咖啡店。自從起了這個念頭以後，思緒漸漸複雜。因為我對甜點極感興趣，但對咖啡卻一竅不通。現在有許多能稱為「專家」的咖啡愛好者，大家對咖啡也十分講究，但當時的氛圍是任何人都可以開咖啡店。那時候的咖啡店，只要有咖啡和幾種茶就足夠了，因此我決定把重點放在甜點，尤其專注於能夠搭配咖啡的甜點。

過去的我對咖啡因感受強烈，喝上一杯，就足以熬夜一整晚。有一天，突然興起一個念頭，希望做出搭配濃郁咖啡一起享用的甜點。而且，那時候的蛋糕大都是在生日或特別日子，才會和家人、朋友一起品嚐，因此尺寸自然做得比較大，專賣小蛋糕的店家顯得十分稀有。對比現在琳瑯滿目的小巧品項，當時的蛋糕模樣大不相同。

那時候的我，立志要讓蛋糕走入大眾日常。我希望大家都喜歡的蛋糕捲，能夠成為非特殊節日也能盡情享用的點心；總是抹奶油或果醬的單純蛋糕，加上一點奶霜，就成為和咖啡絕配的甜品。此外，我希望我的蛋糕能夠很有特色，而不是一定得靠禮盒包裝才能呈現雅致高級感，因此我在蛋糕卷外層淋上焦糖糖霜。現在，糖霜已不是什麼稀有的東西，但當時的糖霜是十分吸睛的裝飾。這麼一說，現在流行甜鹹滋味交融的海鹽焦糖，或許當時就已經存在了。

蛋糕捲搭配滿滿的焦糖奶油，再淋上焦糖糖霜，就是Mamam Gateau的招牌之一。這款蛋糕誕生至今已經13年，和這間店、店裡的客人一起度過許多歲月，也如同我的歲月一般，令人留戀。

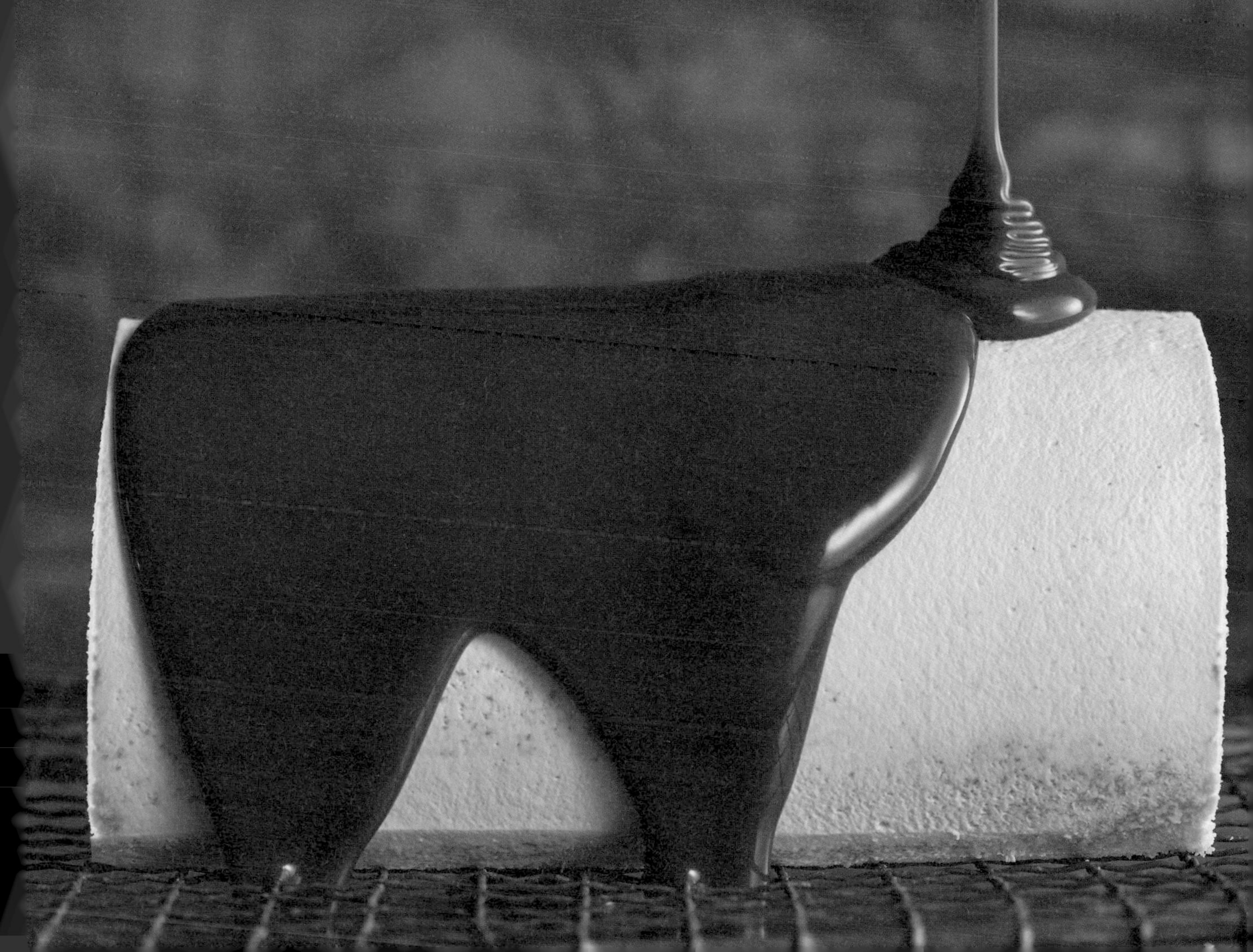

Caramel roll torte

18 焦糖捲蛋糕

INGREDIENTS

⊙ 直徑 18cm 圓形

○ 1 個

焦糖海綿蛋糕

雞蛋 176g
砂糖 115g
低筋麵粉 128g
杏仁粉 36g
焦糖糖漿（參考P42） 80g
牛奶 44g
無鹽奶油 33g

焦糖餡

焦糖糖漿（參考P42） 20g
焦糖醬（參考P44） 80g

起司奶油

蛋黃 21g
砂糖 13g
牛奶 23g
奶油乳酪（室溫軟化） 88g
鮮奶油 353g

焦糖糖霜

牛奶 66g
水 20g
焦糖糖漿（參考P42） 14g
焦糖巧克力 94g
古利丁塊（參考P95） 9g

裝飾

鹽味焦糖糖果（參考P264） 適量
海鹽 適量

HOW TO MAKE

焦糖海綿蛋糕 ＼

1. 盆中放入砂糖和雞蛋慢慢攪拌，隔水加熱至40℃。
2. 使用電動攪拌器快速攪拌至整體呈綿密的泡沫，且泡泡不會消失的程度，再繼續攪拌至質地變柔順。
3. 加入過篩的低筋麵粉和杏仁粉，混合均勻。
4. 在另一個碗中放入焦糖糖漿、牛奶和無鹽奶油攪拌，隔水加熱至40℃。
5. 接著加入一小部分的步驟③一起攪拌。
6. 再加入剩下的步驟③輕輕攪拌至均勻。
7. 在27X27cm的四方形烤盤上鋪烘焙紙，倒入一半的步驟⑥麵糊，並將表面抹平後，放入事先預熱好的烤箱中，以180℃烤7分鐘。（麵糊的分量可烤兩片）

焦糖餡 ＼

8 碗中放入焦糖糖漿和焦糖醬，攪拌均勻即可。

起司奶油 ＼

9 碗中加入蛋黃和砂糖，充分攪拌均勻。

10 慢慢加入加熱到微滾的牛奶攪拌。

11 用微波爐分多次加熱到82℃，並一邊攪拌。

12 再用電動攪拌器攪拌至柔順，注意避免空氣進入。

13 過濾後降溫至25℃左右。

TIP

⓫ 如果分量不多，直接用微波加熱，可以避免水分過度蒸發，也較為方便。

14 在另一個碗中放入室溫軟化的奶油乳酪，用打蛋器拌開、拌軟。

15 慢慢加入步驟⑬，並充分攪拌。

16 在另一個碗中放入鮮奶油，用電動攪拌器打到變硬、有光澤感。

17 鮮奶油中分多次加入步驟⑮，並輕輕攪拌均勻。

焦糖糖霜 ＼

18 鍋中加入牛奶、水、焦糖糖漿，以小火加熱。

19 全部融合後移入碗中，加入焦糖巧克力和吉利丁塊，攪拌均勻。

20 再以電動攪拌器攪拌至柔順，注意避免空氣進入。接著放入冰箱中冷藏一天再使用。

TIP

❾～⓱ 起司奶油要做硬一點，若太柔軟，在捲的時候可能會被擠壓。

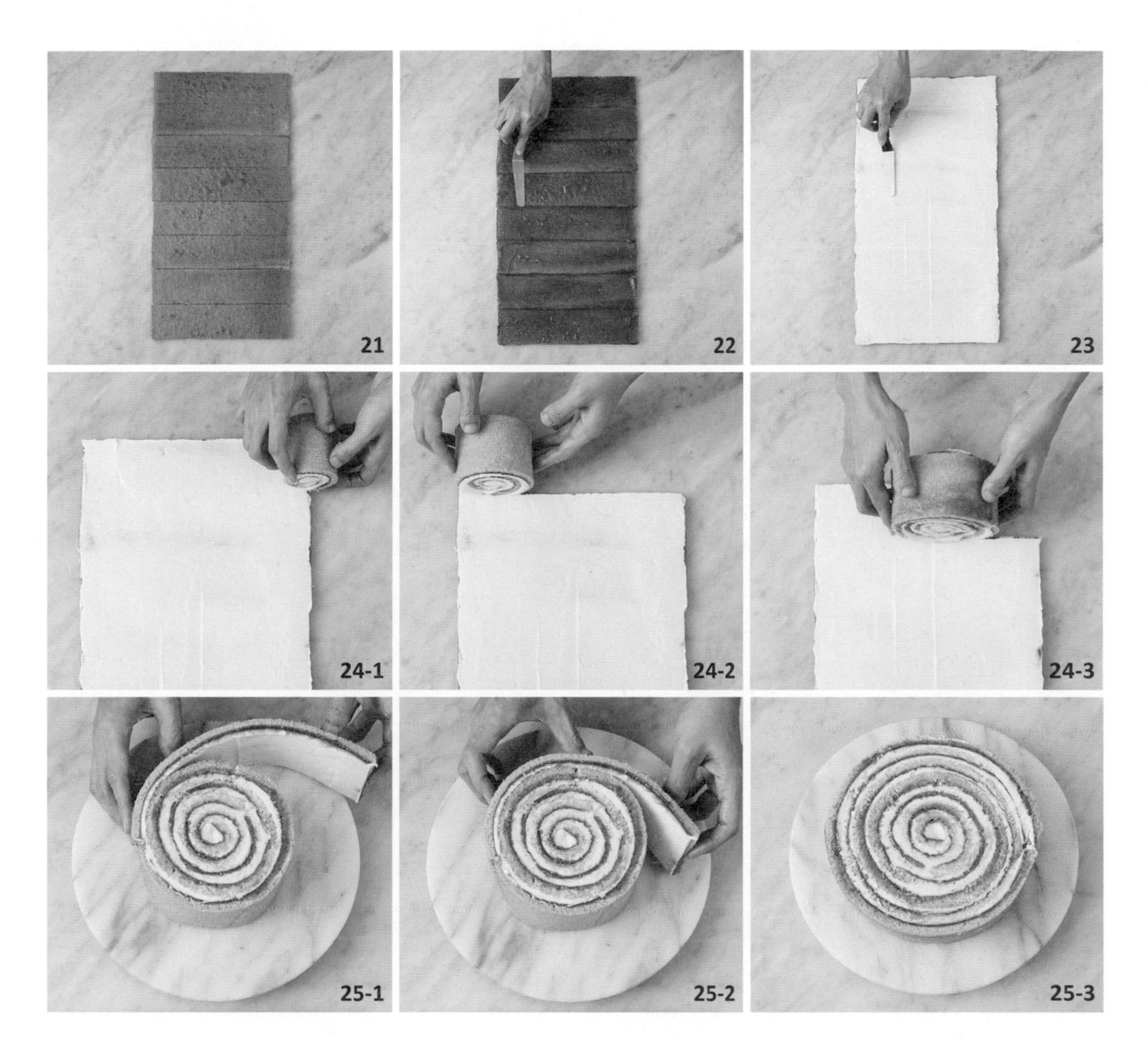

組合 ＼

21 將烤好放涼的焦糖海綿蛋糕切成25X6cm大小的長條狀，共8片。

22 先均勻抹上步驟⑧的焦糖餡。

23 再均勻抹上步驟⑰的起司奶油。

24 從末端開始捲起來，並將每一片接起來。

25 從第5片開始，放到蛋糕轉台上捲比較好操作，捲好後用手整理形狀。

TIP

❼、㉑ 焦糖海綿蛋糕要裁切成一樣的寬度，斷面才會一致。

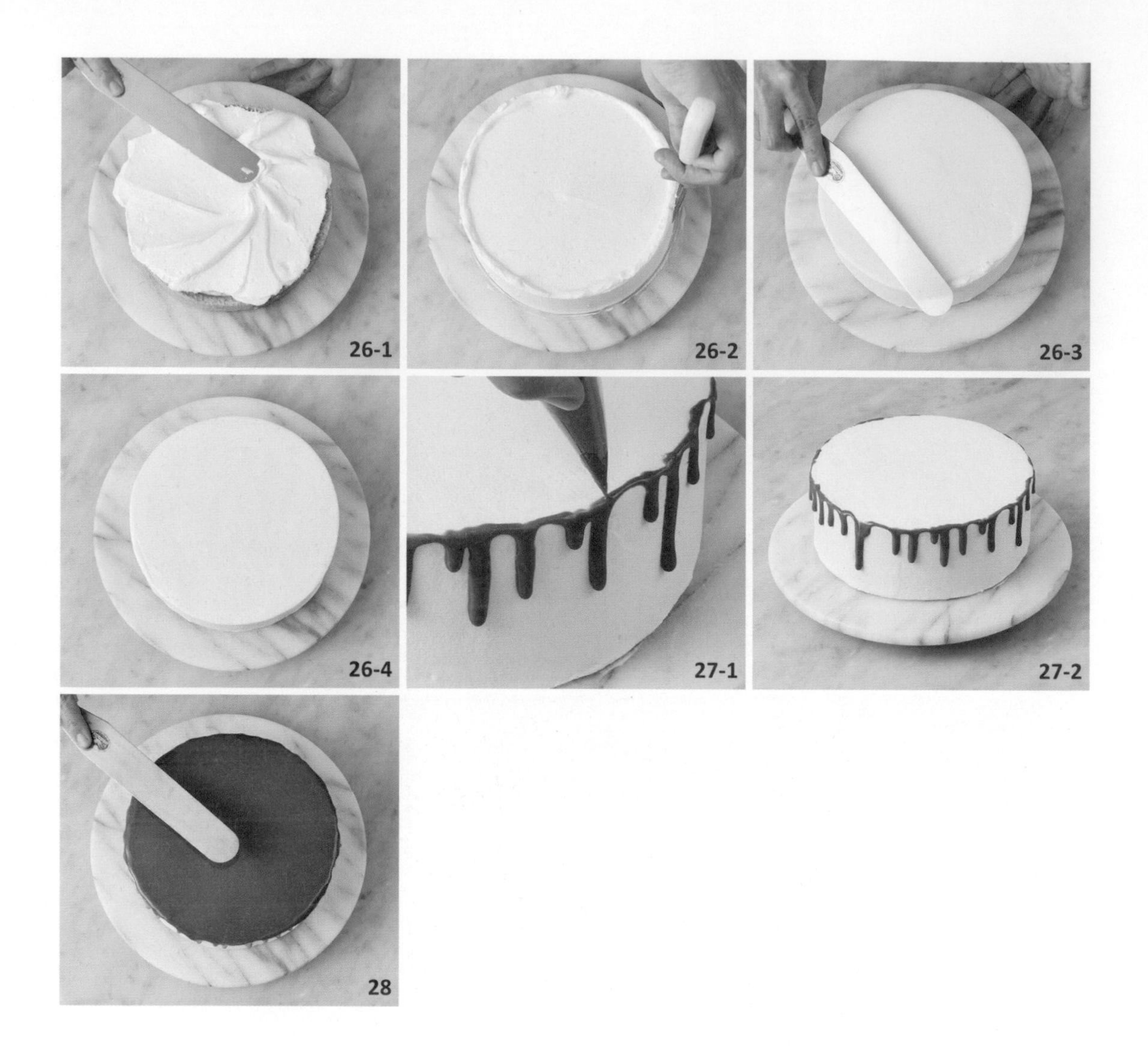

26 一邊轉動蛋糕轉台，用蛋糕抹刀在蛋糕的上面和側面抹步驟⑰的起司奶油，抹平後放入冰箱讓奶油變硬。

27 將步驟⑳的焦糖糖霜加熱至35℃左右後，放入擠花袋中，接著淋在蛋糕邊緣，讓糖霜自然流下。

28 在上面淋焦糖糖霜，再盡快旋轉蛋糕轉台、一邊抹平表面，凝固後以鹽味焦糖糖果和海鹽裝飾即完成。

Caramel basque cheesecake

19
焦糖巴斯克起司蛋糕

INGREDIENTS

⊖ 直徑 15cm 圓形

○ 1 個

焦糖巴斯克起司蛋糕

奶油乳酪（室溫軟化） 260g
砂糖 31g
雞蛋（常溫） 108g
鮮奶油 62g
焦糖醬（參考P44） 140g
低筋麵粉 12g

HOW TO MAKE

焦糖巴斯克起司蛋糕 ＼

1 碗中放入室溫軟化的奶油乳酪，用電動攪拌器打軟。

2 接著加入砂糖攪拌至柔順。

3 然後慢慢加入常溫狀態的雞蛋和鮮奶油攪拌，注意避免空氣進入。

4 再加入焦糖糖漿攪拌均勻。

5 在另一個碗中倒入一小部分的步驟④，再加入過篩的低筋麵粉，翻拌至顆粒感消失。

6 把步驟⑤再倒回步驟④，全部一起翻拌均勻。

7 再以電動攪拌器攪拌至整體柔順，注意避免空氣進入。

8 在直徑15cm、高5cm的圓形烤模中鋪烘焙紙。

9 倒入步驟⑦的蛋糕麵糊，放入事先預熱好的烤箱中，以230℃烤25～28分鐘，完全冷卻後取下烤模即完成。

TIP

❶～❼ 攪拌時要避免空氣進入，若麵糊內有過多空氣進入，烘烤時會過度膨脹而導致破裂。

❾ 焦糖巴斯克起司蛋糕的顏色要烤深一些，才會帶出香氣。

Caramel brown cheesecake

20
焦糖起司蛋糕

INGREDIENTS

⊙ 直徑 10cm 圓形
○ 2 個

蛋糕基底

低筋麵粉 25g
杏仁粉 25g
砂糖 25g
無鹽奶油 25g

焦糖起司

奶油乳酪（室溫軟化） 100g
砂糖 30g
白巧克力 60g
焦糖醬（參考P44） 120g
原味優格 84g
雞蛋（常溫） 73g

裝飾

挪威棕色乳酪（Brown cheese） 適量

HOW TO MAKE

蛋糕基底 ＼

1 在工作台上放過篩的低筋麵粉與杏仁粉、砂糖、冷藏的無鹽奶油。

2 用刮板將無鹽奶油切碎。

3 用手搓揉粉類和無鹽奶油。

4 搓成小顆粒狀後，放入冰箱中冷藏，讓麵團變硬。

5 在兩個直徑10cm、高5cm的圓形模具中鋪上烘焙紙，各放入50g的麵團，壓成一樣的厚度。

6 放入事先預熱好的烤箱中，以170℃烤20分鐘。

焦糖起司 ＼

7 碗中放入室溫軟化的奶油乳酪，用打蛋器拌軟、拌開。

8 接著加入砂糖攪拌至柔順。

9 再加入以30℃融化的白巧克力攪拌。

10 一邊慢慢加入焦糖醬，一邊攪拌。

11 分兩次加入原味優格攪拌。

12 慢慢加入常溫狀態的雞蛋，攪拌至光滑。

13 再以電動攪拌器攪拌至柔順，注意避免空氣進入。攪拌好後過篩。

組合 ＼

14 在放涼的步驟⑥中加入步驟⑬的焦糖起司50g。

15 將烤模放到烤盤上，並倒入適量的水，再放入事先預熱好的烤箱中，以170℃隔水加熱20分鐘，接著直接烤15～20分鐘。

16 蛋糕完全冷卻後脫模，放到冷卻網上，撒上挪威棕色乳酪即完成。

TIP

⑮ 若烤太久，蛋糕的柔嫩口感會消失。搖晃時若感覺中間會稍微移動，即可從烤箱中取出。

Chocolat caramel

21
巧克力焦糖蛋糕

INGREDIENTS

⊖ 直徑 5.5cm 圓形
○ 10 個

巧克力蛋糕

蛋黃 35g
蛋白A 7g
砂糖A 35g
杏仁粉 12g
蛋白B 69g
砂糖B 41g
低筋麵粉 25g
可可粉 17g
無鹽奶油 23g

脆餅

焦糖巧克力 45g
焦糖榛果醬（帕林內，參考P50） 7g
巴芮脆片 33g

巧克力慕斯

蛋黃 36g
砂糖 16g
牛奶 80g
鮮奶油A 80g
吉利丁塊（參考P95） 6g
黑巧克力 80g
鮮奶油B 100g

蛋白霜

砂糖 100g
水 33g
蛋白 45g

焦糖慕斯

焦糖巧克力 123g
鮮奶油A 45g
吉利丁塊（參考P95） 8.5g
蛋白霜（取自左列成品） 93g
鮮奶油B 216g

外層黑巧克力

黑巧克力 280g
葡萄籽油 28g
可可豆碎 70g

裝飾

焦糖醬（參考P44） 80g
巧克力片（參考P298） 適量

HOW TO MAKE

巧克力蛋糕 ＼

1 碗中放入蛋黃、蛋白A、砂糖A、杏仁粉，用電動攪拌器攪拌至呈現均勻的黃色。

2 在另一個碗中放入蛋白B攪拌至起泡。

3 分三次加入砂糖B，打發成柔軟的蛋白霜。

4 蛋白霜分兩次加入步驟①，輕輕翻拌。

5 再加入過篩的低筋麵粉和可可粉，攪拌至柔順。

6 在另一個碗中放入融化的無鹽奶油，先加入一小部分的步驟⑤混合。

7 再加入剩下的步驟⑤輕輕翻拌均勻。

8 在27X27cm的四方形烤盤上鋪烘焙紙，倒入步驟⑦麵糊，抹平表面。

9 輕敲烤盤底部，震出氣泡，接著放入事先預熱好的烤箱中，以185℃烤6分鐘即可。

脆餅 ＼

10 在融化的焦糖巧克力中加入焦糖榛果醬，攪拌至柔順。

11 再加入巴芮脆片拌勻。

巧克力慕斯 ＼

12 碗中放入蛋黃和砂糖，充分攪拌均勻。

13 一邊慢慢加入加熱到微滾的牛奶和鮮奶油A，一邊攪拌。

14 用微波爐分多次加熱到82℃，接著放入吉利丁塊融化。

15 以電動攪拌器攪拌至柔順，注意避免空氣進入。攪拌完後過篩。

TIP

⓮ 如果分量不多，直接用微波加熱，可以避免水分過度蒸發，也較為方便。

16 在步驟⑮中加入以30℃融化的黑巧克力，攪拌均勻。

17 降溫至35℃左右時，再加入鮮奶油B，輕輕拌勻。

蛋白霜 ＼

18 鍋中加入砂糖和水，以小火慢慢加熱。

19 煮到糖漿開始起泡（105℃）時，在另一個碗中放入蛋白，以電動攪拌器開始打發。

20 糖漿續煮到118℃時，慢慢倒入蛋白中，並高速攪拌。

21 糖漿全部倒入後，以中速持續打發至不會流動的堅固狀態，降溫至40℃左右。

焦糖慕斯 ＼

22 在以30℃融化的焦糖巧克力中，一邊慢慢加入加熱至微滾的鮮奶油A，一邊攪拌。

23 再加入吉利丁塊，使其融化。

24 接著加入步驟㉑的蛋白霜，翻拌均勻。

25 最後加入鮮奶油B，輕輕拌勻即可。

外層黑巧克力 ＼

26 在以30℃融化的黑巧克力中，加入葡萄籽油攪拌，接著再加入切成細碎的可可豆碎拌勻。

組合 ＼

27 將烤好放涼的步驟⑨巧克力蛋糕裁切成側面（20X5cm）和底面（直徑4.5cm）用的大小。

28 在直徑5.5cm、高5cm的圓形模具內側放OPP膠膜（蛋糕圍邊）。

29 將步驟㉗的蛋糕依序放到模具的側面、底面。

30 再放入步驟⑪的脆餅8g。

31 將步驟⑰的巧克力慕斯裝入擠花袋中，擠入蛋糕中約2/3滿後，放入冷凍庫中，讓慕斯變硬。

TIP

㉙ 放側面的蛋糕時，要完全壓緊，完成後才不會分離。

32 將步驟㉕的焦糖慕斯裝入擠花袋中，擠入蛋糕中間，擠到距離表面0.3公分左右，接著放入冷凍庫中，讓慕斯變硬。剩下的焦糖慕斯也一起放入冰箱中。

33 將焦糖醬裝入擠花袋中，擠滿到蛋糕表面，再放入冷凍庫中，待其完全變硬後，取下模具。

34 在脫模的蛋糕中間戳一根竹籤，泡入步驟㉖的黑巧克力中，讓側面沾一層薄薄的黑巧克力。

35 冷藏放一天後，將剩下的焦糖慕斯再次充分攪拌，接著放入擠花袋中，使用直徑1.5cm圓形的花嘴，擠滿到蛋糕上方後，最後放上巧克力片裝飾即完成。

TIP

㉜、㉟ 放入冰箱冷藏過的焦糖慕斯，經由再次攪拌後會膨起來。擠的時候請用力，擠成突起的形狀。

Mont-blanc opéra

22
蒙布朗歌劇院蛋糕

INGREDIENTS

◸ 12X12cm 四方形
□ 1 個

焦糖杏仁海綿蛋糕

杏仁膏 113g
砂糖A 20g
蛋黃 42g
雞蛋（常溫） 43g
蛋白 85g
砂糖B 37g
低筋麵粉 32g
無鹽奶油 29g
焦糖糖漿（參考P42） 27g

焦糖蘭姆酒糖漿

焦糖糖漿（參考P42） 40g
水 30g
百家得蘭姆酒 2g

黑醋栗醬

黑醋栗果泥 55g
砂糖A 3g
NH果膠 1g
砂糖B 14g

焦糖卡士達醬

砂糖 9g
牛奶 38g
鮮奶油 8g
蛋黃 12g

焦糖栗子奶油

無鹽奶油 60g
焦糖卡士達醬（取自左列） 20g
栗子奶油醬（créme de marrons） 60g
百家得蘭姆酒 2g

栗子奶油

栗子泥 100g
無鹽奶油 40g
百家得蘭姆酒 5g

裝飾

焦糖蛋白霜餅乾（參考P284） 適量
蕾絲薄片（參考P294） 適量

HOW TO MAKE

焦糖杏仁海綿蛋糕 ＼

1 碗中放入杏仁膏，用電動攪拌器打軟。

2 再加入砂糖A和蛋黃攪拌。

3 慢慢加入常溫狀態的雞蛋，充分攪拌到整體變柔滑。

4 在另一個碗中放入蛋白打至起泡。

5 分三次加入砂糖B，打發成柔軟、不會滴落的蛋白霜。

6 將蛋白霜分兩次加入步驟③，輕輕翻拌均勻。

7 再加入過篩的低筋麵粉，快速拌勻。

8 在另一個碗中放入加熱到融化的無鹽奶油和焦糖糖漿一起攪拌。

9 在步驟⑧中加入一部分的步驟⑦攪拌。

10 再倒回剩餘的步驟⑦中，全部一起輕輕拌勻。

11 在27X27cm的四方形烤盤上鋪烘焙紙，倒入步驟⑩的麵糊後，用刮刀將表面抹平整，再輕敲烤盤底部，震出氣泡，接著放入事先預熱好的烤箱中，以170℃烤8分鐘即可。

焦糖蘭姆酒糖漿 ＼

12 碗中加入焦糖糖漿、水和百家得蘭姆酒，一起攪拌均勻即可。

黑醋栗醬 ＼

13 鍋中加入黑醋栗果泥，以小火加熱。

14 煮到40℃時，加入事先混合好的砂糖A和NH果膠，快速攪拌。

15 整體起泡後再加入砂糖B。

16 煮至濃稠後即可離火放涼。

焦糖卡士達醬 ＼

17 鍋中加入砂糖，以小火慢慢加熱，使其焦糖化。

18 慢慢加入加熱到微滾的牛奶和鮮奶油，攪拌後放涼（參考P44）。

19 在蛋黃中慢慢加入步驟⑱，並一邊攪拌。

20 分次短時間微波，加熱至82℃後，以攪拌器拌至整體柔順，再過濾，泡入冰塊水中降溫至25℃左右。

TIP

⑳ 如果分量不多，直接用微波加熱，可以避免水分過度蒸發，也較為方便。

21 22 23-1 23-2 24-1 24-2 25 26

焦糖栗子奶油 ＼

21 碗中放入無鹽奶油，用電動攪拌器打軟。

22 加入步驟⑳的焦糖卡士達醬攪拌均勻。

23 再加入栗子奶油醬和百家得蘭姆酒拌至柔順。

栗子奶油 ＼

24 碗中放入栗子泥、室溫軟化的無鹽奶油和百家得蘭姆酒，用電動攪拌器一起攪拌均勻。

組合 ＼

25 將烤好放涼的步驟⑪焦糖杏仁海綿蛋糕切成四塊。

26 抹上步驟⑫的焦糖蘭姆酒糖漿（每片各14g）。

27 將步驟㉖的一片焦糖杏仁海綿蛋糕放到蛋糕轉台上，接著抹上步驟㉓的焦糖栗子奶油（43g）。

28 再放上一片蛋糕，接著抹上步驟⑯的黑醋栗醬（43g）。

29 再放上一片蛋糕，接著抹上焦糖栗子奶油（43g）。

30 放上最後一片蛋糕，以鐵盤稍微壓過、對齊，然後抹上一層薄薄的焦糖栗子奶油（26g）。

31 然後抹上一層薄薄的步驟㉔的栗子奶油。剩下的栗子奶油放入擠花袋中，用蒙布朗花嘴在蛋糕上擠滿斜對角線。裁掉邊緣後，再以焦糖蛋白霜餅乾和蕾絲薄片裝飾即完成。

TIP

㉔、㉛ 攪拌栗子奶油時，要避免過多空氣進入，擠在蛋糕上時才不容易斷開。

Caramel éclair

23
焦糖閃電泡芙

INGREDIENTS

13X4cm 閃電泡芙

8 個

泡芙麵糊

水 65g
牛奶 65g
鹽 1.7g
砂糖 3g
無鹽奶油 65g
中筋麵粉 65g
雞蛋（常溫） 110g

焦糖卡士達醬

砂糖 108g
牛奶 367g
蛋黃 92g
玉米粉 32g
鹽 2.5g

翻糖

砂糖 200g
糖漿 40g
水 80g

焦糖翻糖

翻糖（取自左列） 150g
焦糖糖漿（參考P42） 25g

其他

糖粉 適量
焦糖碎片（參考P290） 適量

HOW TO MAKE

泡芙麵糊 ＼

1 鍋中加入水、牛奶、鹽、砂糖和無鹽奶油，以小火加熱。

2 中間開始起泡後關火，加入過篩的中筋麵粉，快速且用力攪拌到沒有粉末感，避免結塊。

3 再次開火，以小火快速炒（約1分鐘），當鍋底出現一層薄膜即可。

4 移入盆中放涼後，分次慢慢加入常溫狀態的雞蛋，一邊用電動攪拌器攪拌。

5 攪拌至光滑柔順、會自然滑落的程度後，裝入擠花袋中。

6 烤盤上鋪烘焙紙，用星形（多齒）花嘴將麵糊擠出13cm的長條形。

7 均勻撒兩次糖粉。

8 放入事先預熱好的烤箱中，以160～170℃烤50～60分鐘。

TIP

❺ 攪拌時用刮刀反覆刮平麵糊，壓出中間的空氣。

焦糖卡士達醬 ＼

9 鍋中加入砂糖，以小火慢慢加熱，使其焦糖化。

10 慢慢加入加熱至微滚的牛奶，攪拌後稍微放涼（參考P44）。

11 碗中放入蛋黃和過篩的玉米粉攪拌。

12 接著一邊慢慢加入步驟⑩，一邊攪拌均勻。

13 加鹽攪拌後過篩。

14 放入鍋中，以小火邊煮邊攪拌，整體會愈變愈濃稠，確認中間都有熱了即可離火。

15 移到容器中，用保鮮膜緊密覆蓋後，放入冰箱中冷卻。

翻糖 ＼

16 鍋中加入砂糖、糖漿和水，以小火加熱至116℃。

17 將糖液淋在烘焙墊上並利用不銹鋼刮刀延展開來，放涼到35℃。

18 再移入盆中，用電動攪拌器攪拌至變白。

焦糖翻糖 ＼

19 將步驟⑱的翻糖加入焦糖糖漿攪拌，再隔水加熱至40℃。

TIP

⑰ 如果量大，可以直接倒在大理石工作台上。請盡快均勻翻拌，讓整體降溫，避免產生砂糖結晶。

⑯～⑱ 翻糖的分量如果要做得比食譜還少，製作起來可能會有困難。

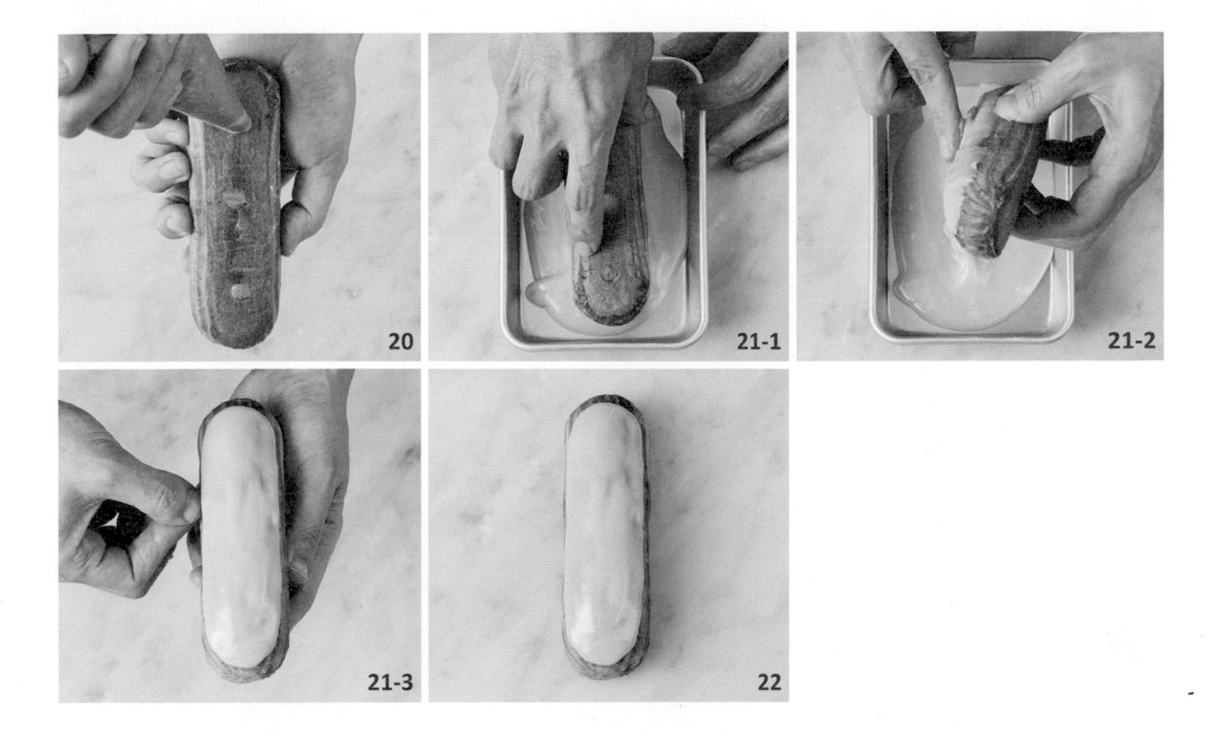

組合 ＼

20 在烤好放涼的步驟⑧泡芙的背面戳三個洞，接著將步驟⑮的焦糖卡士達醬拌軟、放入擠花袋中，再擠入三個洞內。

21 將步驟⑲的焦糖翻糖降溫至20～25℃左右、稍微變硬後，取步驟⑳的泡芙，於表面沾取薄薄一層，再用手整理邊緣。

22 表面稍微變硬後，以焦糖碎片裝飾即完成。

TIP

⓳、㉑ 焦糖翻糖的濃度過稀或過稠都不適合沾取，可以用焦糖糖漿調整濃度。

Coffee saint-honoré

24
咖啡聖多諾黑泡芙塔

INGREDIENTS

⊙ 直徑 8cm 圓形

○ 4 個

咖啡餅乾麵團

低筋麵粉 24g
砂糖 24g
無鹽奶油 20g
咖啡粉 0.5g
濃縮咖啡液 0.7g

泡芙麵糊

水 23g
牛奶 23g
鹽 0.6g
砂糖 1g
無鹽奶油 23g
中筋麵粉 23g
雞蛋（常溫） 40g

酥皮麵團

高筋麵粉 63g
低筋麵粉 63g
鹽 2.5g
砂糖 2.5g
水 28g
牛奶 28g
無鹽奶油（室溫軟化） 13g
無鹽發酵奶油片 100g

表層焦糖

砂糖 200g
糖漿 20g
水 65g

咖啡卡士達醬

咖啡原豆 12g
牛奶 136g
蛋黃 23g
砂糖 26g
玉米粉 10g
濃縮咖啡液 1.3g
卡魯哇咖啡利口酒 3g

焦糖奶油霜

砂糖 72g
鮮奶油 282g
吉利丁塊（參考P95） 30g
焦糖巧克力 32g

HOW TO MAKE

咖啡餅乾麵團 ＼

1 在工作台上放過篩的低筋麵粉、砂糖，中間放冷藏的無鹽奶油。
2 用刮板將無鹽奶油切碎。
3 用手搓揉粉類和無鹽奶油，搓成小顆粒狀。
4 加入咖啡粉和咖啡濃縮液。
5 用刮板輔助翻拌，用手搓揉成光滑的麵團。
6 再擀成0.2cm厚，包覆保鮮膜，放入冰箱中冷藏。
7 麵團變硬後，以直徑3cm的圓形模具壓成圓片。

泡芙麵糊 ＼

8 鍋中加入水、牛奶、鹽、砂糖和無鹽奶油，以小火加熱。

9 中間開始起泡後關火，加入過篩的中筋麵粉，快速且用力的攪拌到沒有粉末感，避免結塊。

10 再次開火，以小火快速炒（約1分鐘），當鍋底出現一層薄膜即可。

11 移入盆中放涼後，分次慢慢加入常溫狀態的雞蛋，一邊用電動攪拌器攪拌。

12 攪拌至光滑柔順、會自然滑落的程度後，裝入擠花袋中。

13 烤盤鋪烘焙紙，用直徑0.8cm的圓形花嘴擠出直徑2.5cm的圓形麵糊。

14 泡芙麵糊上放上步驟⑦的咖啡餅乾麵團。

15 接著放入事先預熱好的烤箱中，以180℃烤15分鐘。

酥皮麵團 ＼

16 在工作台上放過篩的高筋麵粉、低筋麵粉、鹽和砂糖，中間稍微挖個洞，接著加入水、牛奶和室溫軟化的無鹽奶油。

17 先用刮板輕輕混合材料後，用手揉成光滑的麵團。

18 在麵團上劃十字後，包覆保鮮膜，放入冰箱中冷藏。

19 將無鹽發酵奶油片擀成13X13cm大小，包覆保鮮膜，放冰箱冷藏。

20 將步驟⑱的麵團（12℃）擀成13X26cm大小，在中間放上步驟⑲的奶油片（18℃），再以麵團包覆奶油。

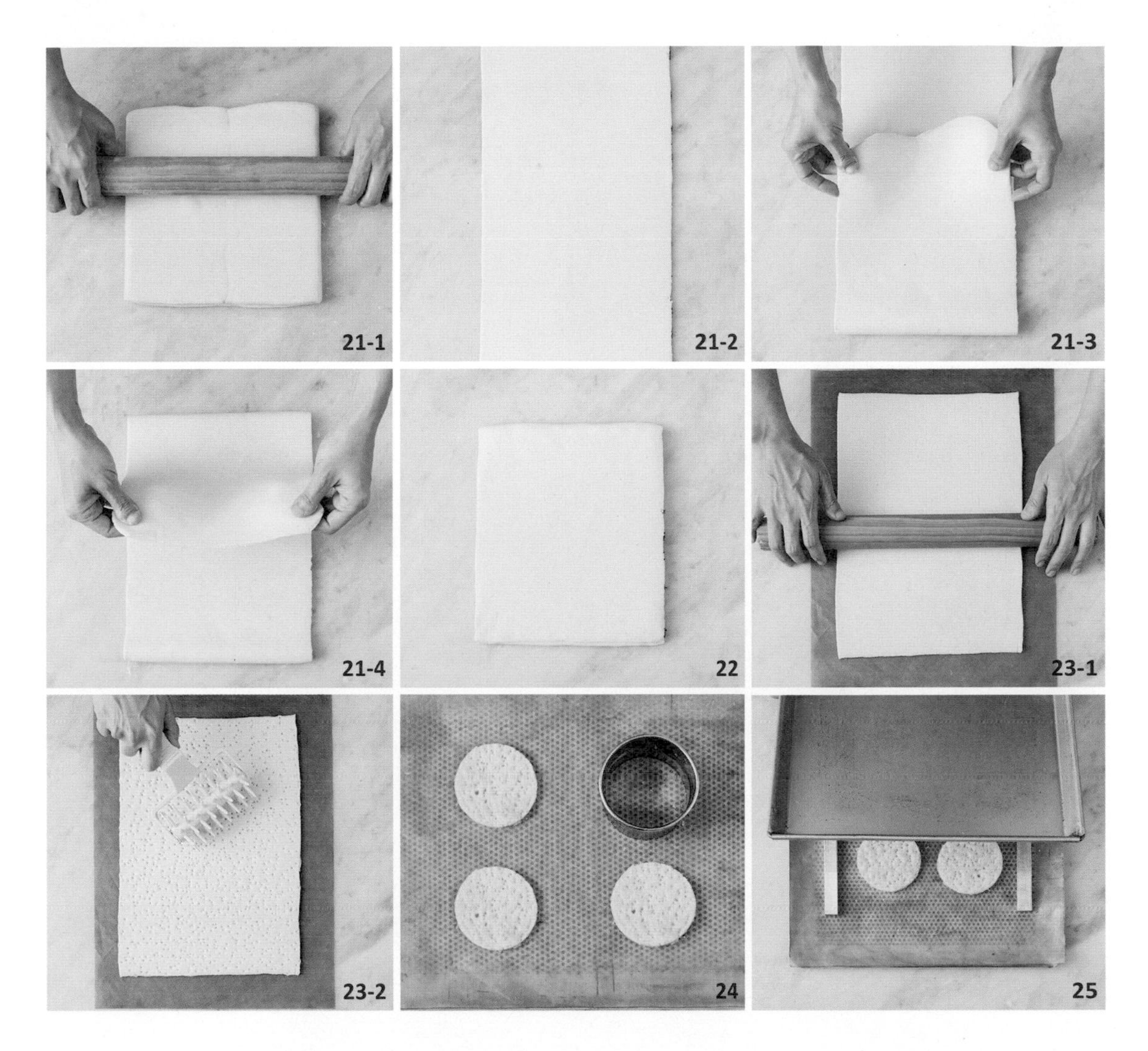

21 重複兩次「轉90度擺放，擀成長條狀，再折三折」的步驟。接著放入冰箱中冷藏1小時以上。（折三折兩次）

22 取出後再反覆兩次步驟㉑的動作，放入冰箱冷藏。（折三折共六次）

23 取出，擀成約0.4cm的厚度，並用叉子等工具戳洞，接著放入事先預熱好的烤箱中，以180℃烤10分鐘後取出。

24 放入冰箱冷藏，快速降溫，接著以直徑8cm的圓形模具壓成圓片。

25 在烤盤上放兩根1cm寬的不銹鋼鐵條，撐起上方的鐵盤，以180℃再烤25分鐘（烤15分鐘後就拿起鐵盤）。

TIP

㉔ 酥皮麵團做出層次、烤到表面稍微有顏色後，就不易壓縮，能做出希望的形狀。

⑯～㉕ 酥皮可以用不加香料的沙布蕾餅乾（參考P64）代替。

表層焦糖 ＼

26 鍋中加入砂糖、糖漿、水，以小火煮，直到呈褐色。

27 變成希望的顏色後離火、泡溫水，讓顏色不再變深。

28 趁熱倒入直徑4cm、高2cm的半圓形模具中，倒約1/3滿。

29 快速倒放放涼的步驟⑮泡芙。

30 放入冰箱中冷藏，變硬後從模具中取出。

咖啡卡士達醬 ＼

31 在烘焙墊上放咖啡原豆，以擀麵棍壓過碾碎。

32 把咖啡豆碎放入鍋中，加入加熱到微滾的牛奶，蓋上蓋子泡5分鐘再過篩（過篩後將牛奶補足為136g）。

TIP

⓯、㉙ 泡芙的大小如果比模具大或小許多，可能會沾太薄或過厚的焦糖，請準備比模具小一點點的尺寸。

33 在另一個碗中放入砂糖、蛋黃，攪拌均勻。

34 再加入過篩的玉米粉攪拌均勻。

35 接著慢慢加入步驟㉜攪拌。

36 用微波爐分多次加熱到中間起泡，一邊攪拌。

37 放涼後加入濃縮咖啡液和卡魯哇咖啡利口酒，攪拌均勻。

38 用保鮮膜緊密覆蓋後，放入冰箱中冷藏。

39 冷藏後的咖啡奶油，使用時先拌軟，放入擠花袋中，再擠入步驟㉚的焦糖泡芙中間。

TIP

㊱ 如果分量不多，直接用微波加熱，可以避免水分過度蒸發，也較為方便。

焦糖奶油霜 ＼

40 鍋中加入砂糖，以小火慢慢加熱，使其焦糖化。

41 慢慢加入加熱到微滾的鮮奶油攪拌（參考P44）。

42 移到碗中，稍微放涼後加入吉利丁塊融化。

43 再放入焦糖巧克力，稍微等一下再攪拌。

44 以電動攪拌器攪拌至柔順，注意避免空氣進入。完成之後放入冰箱中冷藏。

45 放涼後再用電動攪拌器充分攪拌，打發成硬奶油霜。

組合 ＼

46 將步驟㊺的焦糖奶油霜裝入擠花袋中，用星星花嘴擠到放涼的步驟㉕酥皮中間。

47 在焦糖奶油霜側面放三個步驟㊴的焦糖泡芙。

48 在焦糖泡芙縫隙處由下往上擠焦糖奶油霜。

49 中間再擠上一團焦糖奶油霜。

50 最後正上方再放一個焦糖泡芙即完成。

Raspberry paris-brest

25

覆盆子榛果布雷斯特

INGREDIENTS

- 直徑 8cm 圓形
- 4 個

紅餅乾麵團

低筋麵粉 30g
砂糖 30g
無鹽奶油 25g
紅色色素 適量

泡芙麵糊

水 43g
牛奶 43g
鹽 1g
砂糖 2g
無鹽奶油 43g
中筋麵粉 43g
雞蛋（常溫） 72g

榛果穆斯林奶油

蛋黃 26g
砂糖 43g
玉米粉 12g
牛奶 110g
鮮奶油 19g
吉利丁塊（參考P95） 7g
無鹽奶油 62g
焦糖榛果醬
（帕林內，參考P50） 70g

糖漬覆盆子

冷凍覆盆子 80g
砂糖A 3g
NH果膠 2g
砂糖B 48g

紅榛果

砂糖 60g
水 10g
覆盆子醬 8g
紅色色素 適量
榛果 50g

其他

蛋液 適量
焦糖醬（參考P44） 適量

HOW TO MAKE

紅餅乾麵團 ＼

1 在工作台上放過篩的低筋麵粉、砂糖，中間放冷藏的無鹽奶油。

2 用刮板將無鹽奶油切碎。

3 用手搓揉粉類和無鹽奶油，搓成光滑的麵團。

4 加入紅色色素再搓揉均勻。

5 把麵團擀成0.2cm厚，包覆保鮮膜，放入冰箱中冷藏。

6 麵團變硬後取出，以直徑7cm的圓形模具壓成圓片。

7 再用直徑2.5cm的圓形模具壓入直徑7cm的圓形麵團中間，做成圈狀（共做4個）。

泡芙麵糊 ＼

8 鍋中加入水、牛奶、鹽、砂糖和無鹽奶油，以小火加熱。

9 中間開始起泡後關火，加入過篩的中筋麵粉，快速且用力的攪拌到沒有粉末感，避免結塊。

10 再次開火，以小火快速炒（約1分鐘），當鍋底出現一層薄膜即可。

11 移入盆中放涼後，分次慢慢加入常溫狀態的雞蛋，一邊攪拌。

12 攪拌至光滑柔順、會自然滑落的程度後，裝入擠花袋中。

13 烤盤上鋪烘焙紙，用直徑0.8cm的圓形花嘴，將步驟⑫的麵糊擠出直徑6.5cm的圓圈一條，內側加一條，縫隙上方也擠一條，總共3條（共做4組）。

14 在表面抹蛋液。

15 用叉子於表面壓出紋路。

16 放上步驟⑦的紅餅乾麵團。

17 放入預熱好的烤箱中，以180℃烤15分鐘後，再用170℃烤25分鐘。

18 烤盤上鋪烘焙紙，取步驟⑫的麵糊擠出直徑5.5cm的圓圈（共做4個）。

19 放入烤箱中，以180℃烤15分鐘。

榛果穆斯林奶油 ＼

20 在碗中放蛋黃和砂糖，充分攪拌均勻。

21 加入過篩的玉米粉攪拌。

22 慢慢加入加熱到微滾的牛奶和鮮奶油攪拌。

23 用微波爐分多次加熱到中間起泡，一邊攪拌。稍微放涼後加入吉利丁塊融化。

24 用保鮮膜緊密覆蓋後放入冰箱中冷藏，降溫至25℃左右。

25 將無鹽奶油放入另一個碗中，用電動攪拌器打軟。

26 慢慢加入拌軟的步驟㉔，並充分攪拌。

27 接著加入焦糖榛果醬，拌至整體變柔順即可。

TIP

㉓ 如果分量不多，直接用微波加熱，可以避免水分過度蒸發，也較為方便。

糖漬覆盆子 ＼

28 鍋中放入冷凍覆盆子，以小火加熱到40℃時，加入事先拌勻的砂糖A和NH果膠，快速攪拌。

29 整體起泡後，再加入砂糖B攪拌。

30 煮到出現適當濃度後關火、放涼。

紅榛果 ＼

31 鍋中加入砂糖、水、覆盆子醬，以小火慢慢加熱。

32 完全起泡後加入紅色色素，煮到118℃。

33 再加入烤好的榛果，快速攪拌。

34 拌勻至榛果表面整體有糖粒產生（砂糖的結晶化）。

35 在烘焙墊上將榛果分開、放涼（參考P46）。

組合 ＼

36 將烤好放涼的步驟⑰泡芙上層切下一片。

37 取步驟㉚的糖漬覆盆子裝入擠花袋中，擠到泡芙上。

38 再把步驟㉗的榛果穆斯林奶油裝入擠花袋中，用星形花嘴擠一大圈到泡芙上。

39 接著放上烤好放涼的步驟⑲小圈泡芙。

40 在側邊擠一圈榛果穆斯林奶油。

41 上面再擠一圈糖漬覆盆子。

42 蓋上步驟㊱切下的另一片泡芙。將焦糖醬放入擠花袋中，在泡芙上方擠出一些細線條，再擺上步驟㉟的紅榛果裝飾即完成。

TIP

⓲、㊴ 夾在中間的小圈泡芙若做得太大或太小，組合時，就會影響榛果穆斯林奶油擠出來的模樣，整體看起來可能會不太漂亮。

Maple choux tatin

26
楓糖蘋果塔

INGREDIENTS

⊝ 直徑 7cm 圓形
○ 4 個

基底麵糊

水 43g
牛奶 43g
鹽 1g
砂糖 2g
無鹽奶油 43g
中筋麵粉 43g
雞蛋（常溫） 72g

楓糖卡士達醬

蛋黃 32g
楓糖 55g
玉米粉 15g
牛奶 186g

焦糖蘋果

砂糖 132g
無鹽奶油 52g
蘋果 674g
檸檬汁 22g

杏仁碎奶油餅乾

低筋麵粉 15g
杏仁粉 15g
砂糖 15g
無鹽奶油 15g

馬斯卡彭奶油

馬斯卡彭起司 50g
煉乳 6g
蜂蜜 5g
鮮奶油 25g

其他

焦糖（參考P40） 適量

HOW TO MAKE

基底麵糊 ＼

1 鍋中加入水、牛奶、鹽、砂糖和無鹽奶油，以小火加熱。

2 中間開始起泡後關火，加入過篩的中筋麵粉，快速且用力地攪拌到沒有粉末感，避免結塊。

3 再次開火，以小火快速炒（約1分鐘），當鍋底出現一層薄膜即可。

4 移入盆中放涼後，分次慢慢加入常溫狀態的雞蛋，一邊攪拌。

5 攪拌至光滑柔順、會自然滑落的程度後，裝入擠花袋中。

6 在直徑7cm、高2cm的圓形烤模內側放有孔洞的矽膠片。

7 將圓形烤模放到烘焙墊上，擠入步驟⑤的麵糊各30g。

8 蓋上另一片烘焙墊。

9 再蓋一層鐵盤，放入事先預熱好的烤箱中，以180℃烤35分鐘（25分鐘過後取下鐵盤）。放涼後脫模。

楓糖卡士達醬 ＼

10 碗中放蛋黃和楓糖，攪拌均勻至呈淺褐色。

11 加入過篩的玉米粉攪拌。

12 慢慢加入加熱到微滾的牛奶，攪拌均勻後過篩。

13 移入鍋中，以小火邊煮邊攪拌，整體會愈變愈濃稠，直到中間完全煮熟即可離火。

14 用保鮮膜緊密覆蓋後，放入冰箱中冷卻。

15 從冰箱取出後先拌軟，再裝入擠花袋中，擠在放涼的步驟⑨上面。

TIP

❾ 若鐵盤太輕，烤的時候麵糊可能會流出來，流出來的部分請以刀子去除。

焦糖蘋果 ＼

16 鍋中慢慢加入砂糖，以小火慢慢加熱，使其焦糖化。

17 完全變成褐色後，加入無鹽奶油，快速攪拌使其融化。

18 放入切成適當大小的蘋果，持續攪拌。

19 加入檸檬汁，以小火煮至蘋果全熟、變軟（約25分鐘）。（參考P52）

20 準備直徑7cm、高2.5cm的圓形烤模，將焦糖蘋果放滿模具內。

21 蓋上烘焙紙。

22 再蓋上鐵盤。放入事先預熱好的烤箱中，以170℃烤20分鐘，取出後撕下烘焙紙，放入冷凍庫中。

TIP

⑳～㉒ 焦糖蘋果放進模具時要填滿，形狀才會出來。冷凍變硬後再從模具中取出。

杏仁碎奶油餅乾 ＼

23 在工作台上放過篩的低筋麵粉、杏仁粉、砂糖，接著在中間放冷藏無鹽奶油。

24 用刮板將無鹽奶油切碎。

25 用手搓揉粉類和無鹽奶油。

26 搓成小顆粒狀後，放入冰箱中冷藏，讓麵團變硬。

27 烤盤上鋪烘焙紙，將麵團攤開成一樣的厚度，放入烤箱中以170℃烤20分鐘。

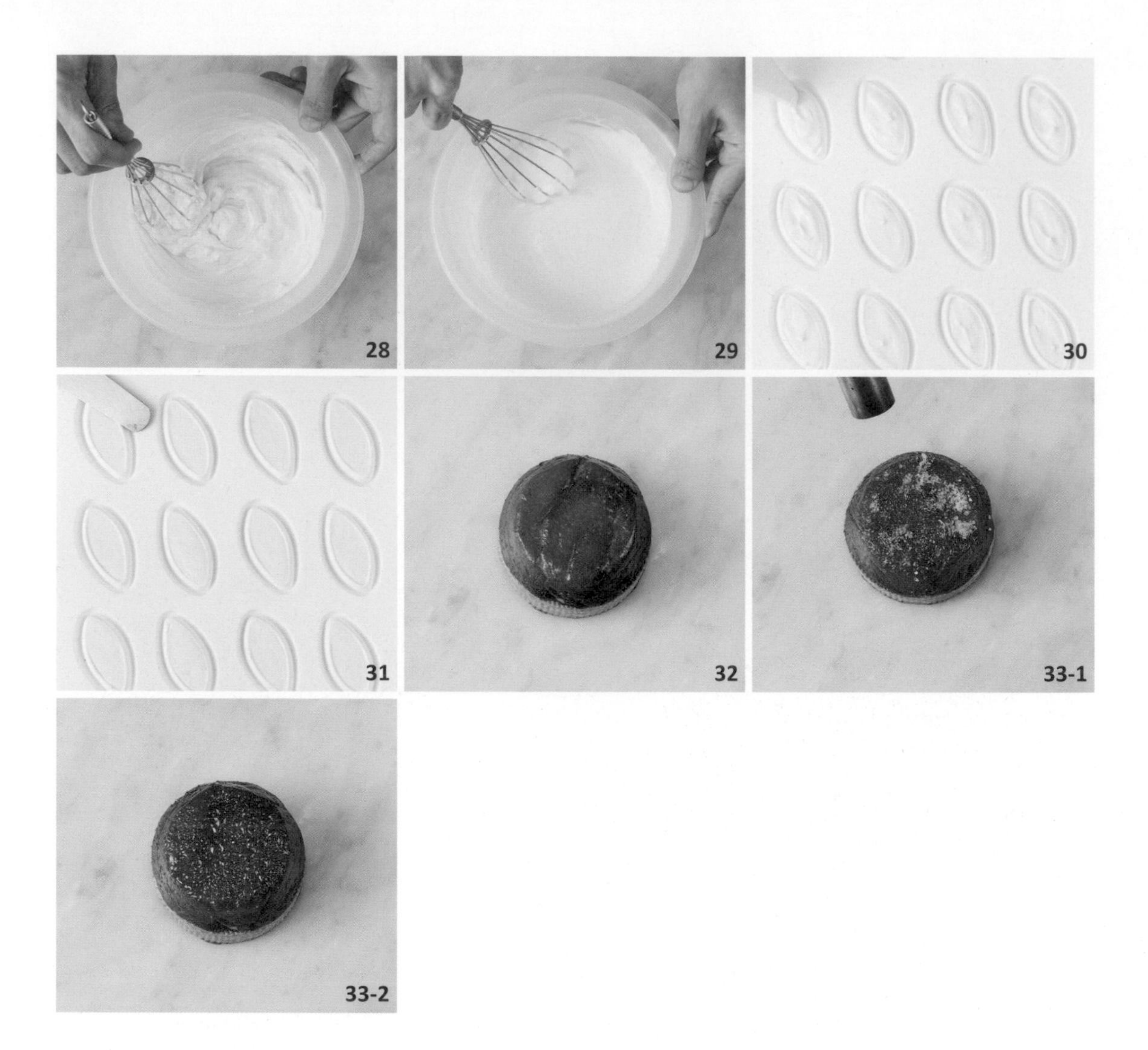

馬斯卡彭奶油 ＼

28 碗中放入馬斯卡彭起司、煉乳、蜂蜜，一起攪拌。

29 再加入鮮奶油，攪拌至呈柔軟的奶油狀態。

30 裝入擠花袋中，再擠滿於葉子形狀模具中。

31 抹平表面後，放入冷凍庫中，讓奶油變硬。

組合 ＼

32 將步驟㉒的焦糖蘋果脫模，放在擠好楓糖卡士達醬的步驟⑮上方。

33 再撒上焦糖，以噴槍融化後，將步驟㉗的杏仁碎奶油餅乾黏在外圍一圈，最後擺上步驟㉛的馬斯卡彭奶油即完成。

Caramel apricot flan

27
焦糖杏桃塔

INGREDIENTS

⊙ 直徑 10cm 圓形
○ 4 個

塔皮麵團

低筋麵粉 153g
砂糖 43g
鹽 0.7g
無鋁泡打粉 1.3g
無鹽奶油 103g
雞蛋（冷藏） 22g

糖漬杏桃

杏桃 136g
砂糖A 9g
NH果膠 2.4g
砂糖B 39g
無鹽奶油 10g

焦糖餡

砂糖 91g
水 32g
鮮奶油 150g
牛奶 150g
雞蛋 24g
蛋黃 48g

其他

蛋液 適量

HOW TO MAKE

塔皮麵團 ＼

1 在工作台上放過篩的低筋麵粉、砂糖、鹽、無鋁泡打粉，中間放冷藏無鹽奶油。

2 用刮板將無鹽奶油切碎。

3 用手將粉類和無鹽奶油搓揉成顆粒狀。

4 麵團中間挖一個洞，加入冷藏狀態的雞蛋（打勻）。

5 用手揉成柔順的麵團後，包覆保鮮膜，再放入冰箱中冷藏鬆弛。

6 變硬的麵團取出後，用擀麵棍擀開、壓成0.3～0.4cm的厚度。

7 取適當大小的麵團放入直徑10cm、高3cm的花形塔模中。

8 用手將麵團與塔模內緣壓合後，以擀麵棍擀過上緣，把邊緣多出的麵團清除乾淨後，再用手調整讓整體厚度一致。

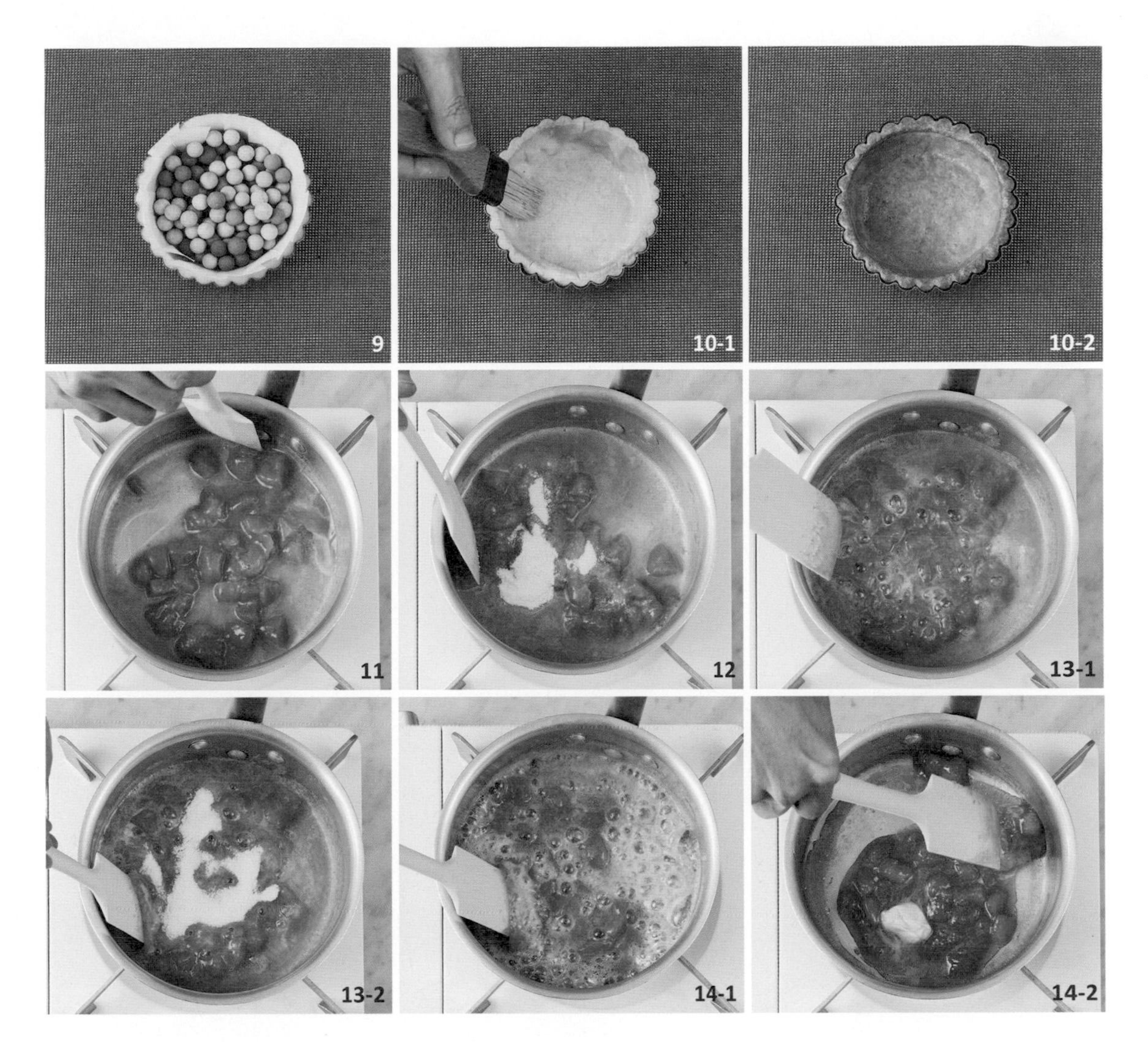

9 用叉子在麵團底部均勻戳洞後，放入烘焙紙，再倒入烘焙石。

10 放入事先預熱好的烤箱中，以170℃烤12分鐘，取出烘焙石後刷蛋液，再烤10分鐘。

糖漬杏桃 ＼

11 鍋中放入切成適當大小的杏桃，以小火加熱。

12 煮到40℃時，加入事先混合好的砂糖A和NH果膠，快速攪拌。

13 完全起泡後，再加入砂糖B攪拌。

14 完全滾起來後關火，加入無鹽奶油拌勻，再放涼。

TIP

❾ 先用叉子在麵團底部戳洞，可以避免烘烤時塔皮麵團膨起來而不平整。

焦糖餡 ＼

15 鍋中加入砂糖與水，以小火慢慢加熱，使其焦糖化。

16 慢慢加入加熱好的鮮奶油和牛奶，攪拌後稍微放涼（參考P44）。

17 接著加入雞蛋和蛋黃，充分拌勻。

18 再以電動攪拌機攪拌至整體柔順，注意避免空氣進入。

組合 ＼

19 在放涼的步驟⑩塔皮上各倒30g的步驟⑭糖漬杏桃。

20 再倒入步驟⑱的焦糖餡。

21 放入事先預熱好的烤箱中，以140℃烤45分鐘，放涼後取下烤模即完成。

TIP

⓴、㉑ 烤的時候要以低溫烤，避免溫度過高或烤太久。

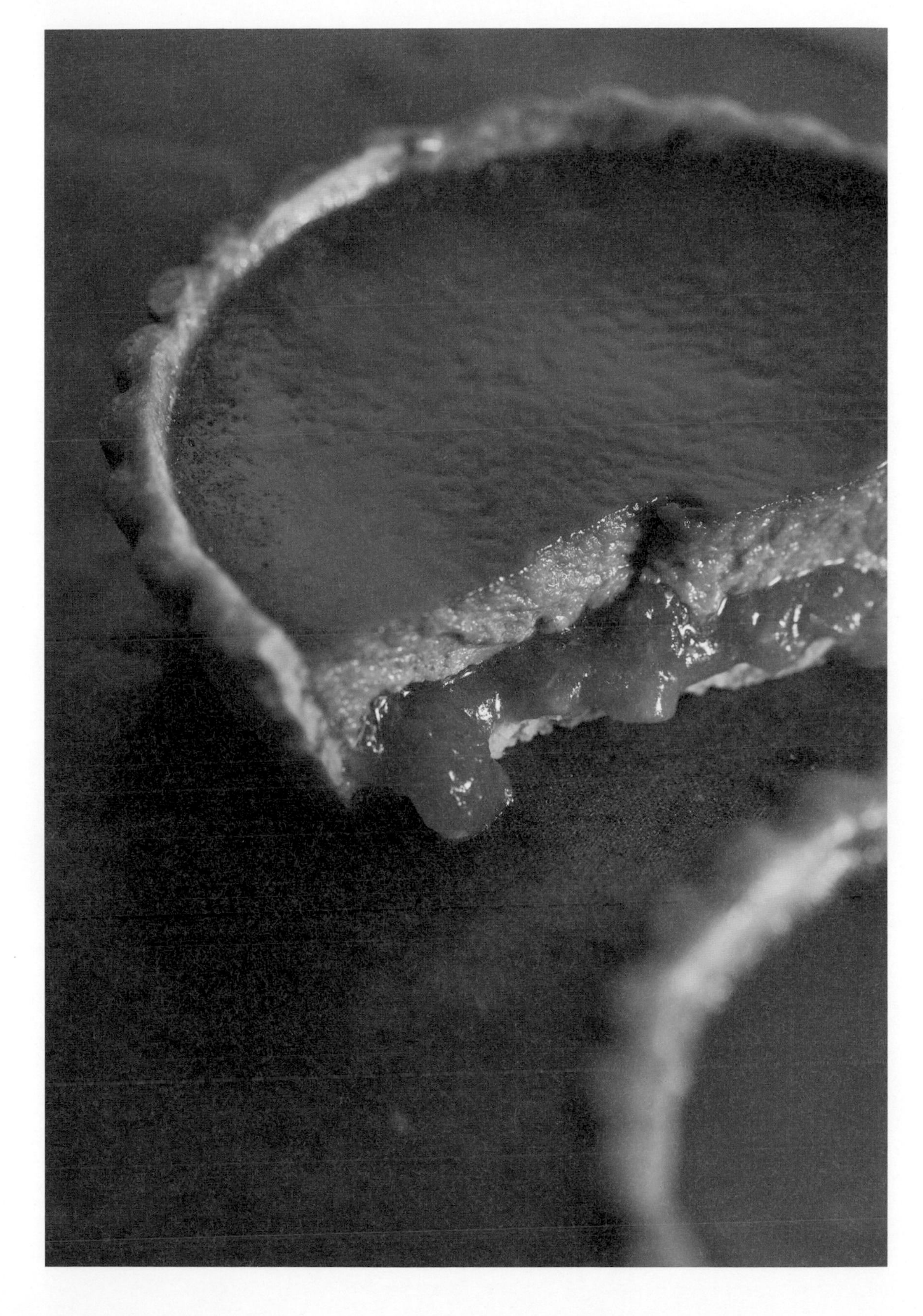

Pear tart

28
西洋梨焦糖杏仁塔

INGREDIENTS

8X24cm 四方形
1 個

塔皮麵團

低筋麵粉 85g
砂糖 24g
鹽 0.4g
無鋁泡打粉 0.7g
無鹽奶油 58g
雞蛋（冷藏） 12g

焦糖杏仁奶油

無鹽奶油 32g
砂糖 28g
焦糖（參考P40） 17g
雞蛋（常溫） 28g
香草莢 4cm
低筋麵粉 12g
杏仁粉 45g
焦糖醬（參考P44） 28g

外層糖漿

焦糖糖漿（參考P42） 35g
水 6g

其他

香草莢 適量
西洋梨 2片

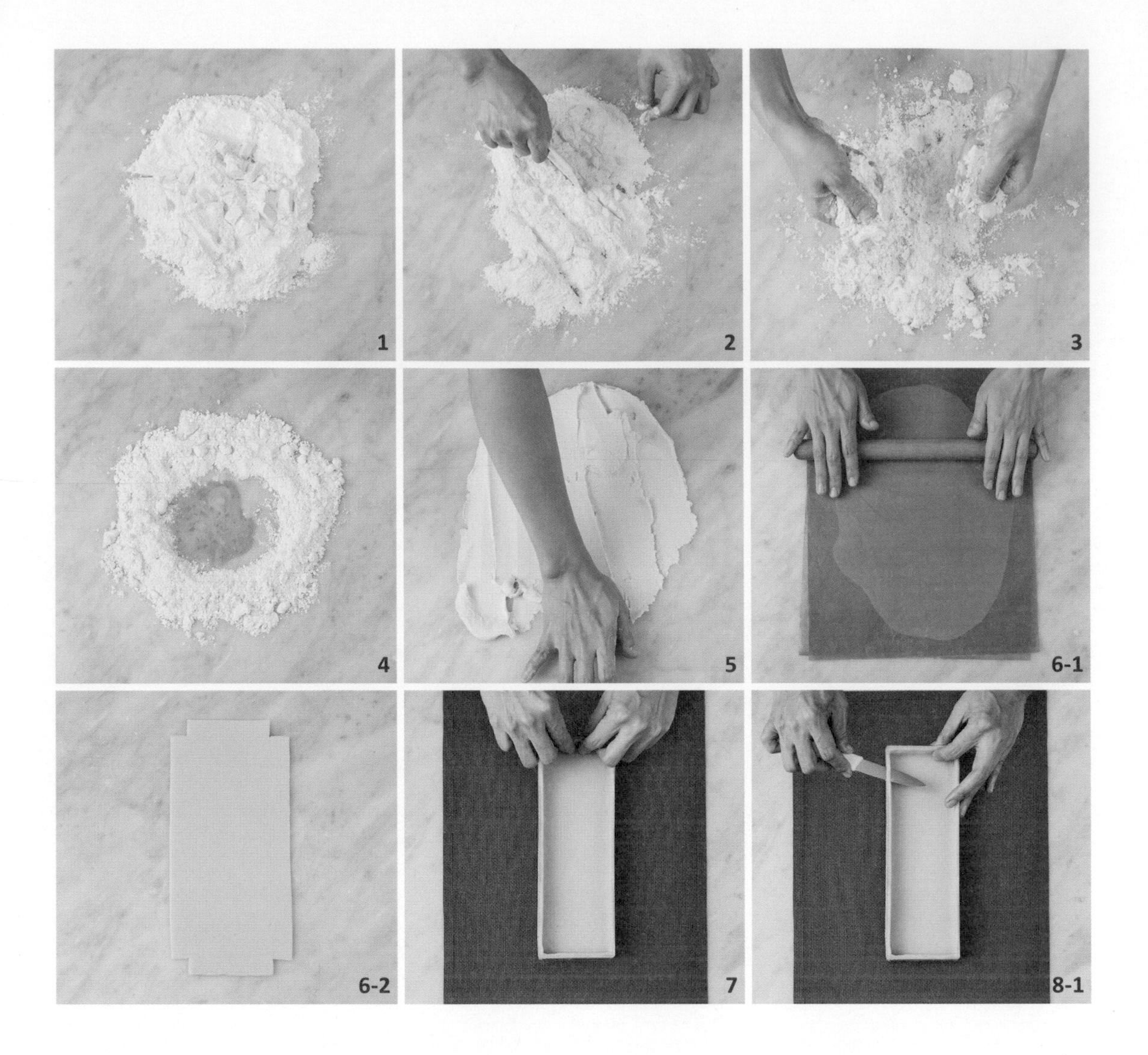

HOW TO MAKE

塔皮麵團 ＼

1 在工作台上放過篩的低筋麵粉、砂糖、鹽、無鋁泡打粉，中間放冷藏無鹽奶油。

2 用刮板將無鹽奶油切碎。

3 用手將粉類和無鹽奶油搓揉成顆粒狀。

4 麵團中間挖一個洞，加入冷藏狀態的雞蛋。

5 用手揉成柔順的麵團後，包覆保鮮膜，再放入冰箱中冷藏鬆弛。

6 變硬的麵團取出後，用擀麵棍擀開、壓成0.3～0.4cm的厚度。接著依照8X24X2cm的四方形烤模尺寸，裁切成相對應的大小。

7 將麵團放入四方形烤模中，讓麵團與烤模內緣壓合。

8 以刀子清除多餘的部分，整理好邊緣，再以拇指指尖劃過烤模內側（製造與麵團之間的縫隙）。

9 用叉子在麵團底部均勻戳洞後，裁出和烤模一樣大小的烘焙紙，放入烤模中，再擺滿烘焙石。放入事先預熱好的烤箱中，以170℃烤10分鐘，取出烘焙石後再烤5分鐘即可。

焦糖杏仁奶油 ＼

10 碗中放入無鹽奶油，用電動攪拌器打軟。

11 加入砂糖和焦糖攪拌。

12 再慢慢加入常溫狀態的雞蛋和香草籽（用刀子刮出香草莢中的籽後使用），並攪拌均勻。

13 加入過篩的低筋麵粉和杏仁粉攪拌均勻。

14 再加入焦糖醬並拌勻。

外層糖漿 ＼

15 碗中加入焦糖糖漿和水，稍微加熱即可。

組合 ＼

16 在烤好放涼的步驟⑨塔皮中，填入步驟⑭的焦糖杏仁奶油。

17 將西洋梨切成適當大小，撒上香草籽（用刀子刮出香草莢中的籽後使用），堆疊到上方。（若使用罐頭西洋梨，須把水分瀝乾再混合香草籽）

18 放入事先預熱好的烤箱中，以170℃烤35分鐘。烤好後再刷上步驟⑮的糖漿，取下模具即完成。

TIP

⓯ 如果分量不多，直接用微波加熱，可以避免水分過度蒸發，也較為方便。

❾、⓲ 若直接在塔皮上加焦糖杏仁奶油，會不易烤脆，因此要先把塔皮烤熟，加入焦糖杏仁奶油後再烤一次。

Pecan tart

29

黑糖胡桃塔

INGREDIENTS

⧄ 18X18cm 四方形
□ 1 個

黑糖奶油麵團

低筋麵粉 70g
杏仁粉 65g
黑糖 56g
無鹽奶油 65g

胡桃夾心

焦糖（參考P40） 116g
焦糖糖漿（參考P42） 109g
肉桂粉 1.5g
無鹽奶油 53g
鮮奶油 56g
雞蛋（常溫） 202g
黑蘭姆酒 16g

外層糖漿

焦糖糖漿（參考P42） 35g
水 6g

其他

胡桃 100g

HOW TO MAKE

黑糖奶油麵團 ＼

1 在工作台上放過篩的低筋麵粉、杏仁粉、黑糖，中間放上冷藏的無鹽奶油並切碎。

2 用手搓揉粉類和無鹽奶油。

3 呈現小顆粒狀後，放入冰箱中冷藏使其變硬。

4 在18X18X5cm四方形烤模底部鋪烘焙紙，接著把步驟③的麵團放入，將底部和四邊鋪成相同的厚度。

5 形狀整理好後，再放入冰箱中冷藏。

6 麵團變硬後，鋪上烘焙紙，再放上烘焙石，接著放入事先預熱好的烤箱中，以165℃烤20分鐘。

TIP

❹、⓬ 把麵團壓密才能避免糖漿流出。

胡桃夾心 ＼

7 鍋中加入焦糖、焦糖糖漿、肉桂粉、無鹽奶油，以小火加熱。

8 移入碗中，加入鮮奶油攪拌均勻。

9 再加入常溫狀態的雞蛋攪拌。

10 加入黑蘭姆酒攪拌後，過篩。

外層糖漿 ＼

11 碗中放入焦糖糖漿和水，稍微加熱即可。

TIP

❽～❿ 只要攪拌至均勻即可，若過度攪拌、空氣進入的話，會導致過度膨起。

⓫ 如果分量不多，直接用微波加熱，可以避免水分過度蒸發，也較為方便。

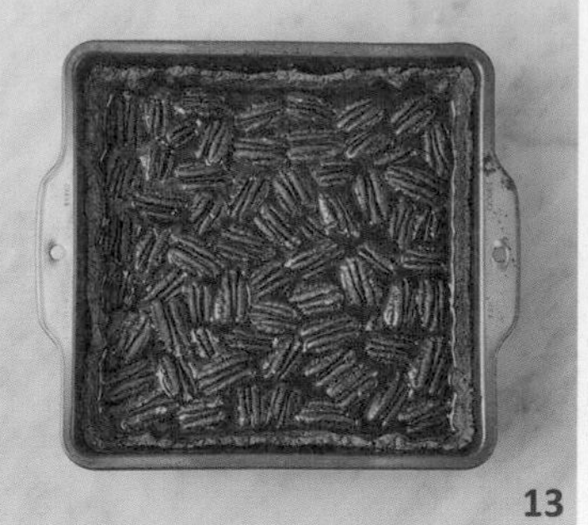

組合 ＼

12 在烤好放涼的步驟⑥塔皮中放滿步驟⑩的胡桃夾心。

13 再鋪滿胡桃（未烤過的）。

14 放入事先預熱好的烤箱中，以165℃烤35分鐘。

15 烤好後立刻抹上步驟⑪的糖漿，放涼後從模具中取出即完成。

8X8X2

Caramel tiramisu tart

30 焦糖提拉米蘇塔

INGREDIENTS

⊖ 直徑 8cm 圓形
○ 4 個

咖啡塔皮麵團

低筋麵粉 90g
砂糖 20g
鹽 0.5g
無鹽奶油 60g
蛋黃（冷藏） 20g
咖啡粉 1g
咖啡濃縮液 0.5g

蛋白餅乾

蛋白 36g
砂糖 24g
蛋黃 22g
香草精 適量
低筋麵粉 24g

蛋白霜

砂糖 100g
水 33g
蛋白 45g

起司奶油

奶油乳酪 145g
焦糖醬（參考P44） 75g
馬斯卡彭起司 60g
鮮奶油 100g
蛋白霜（取自上列成品） 95g

咖啡糖漿

30 度波美糖漿 27g
義式濃縮咖啡 17g
咖啡濃縮液 7g
甘露咖啡利口酒 3g

其他

蛋液 適量
可可粉 適量

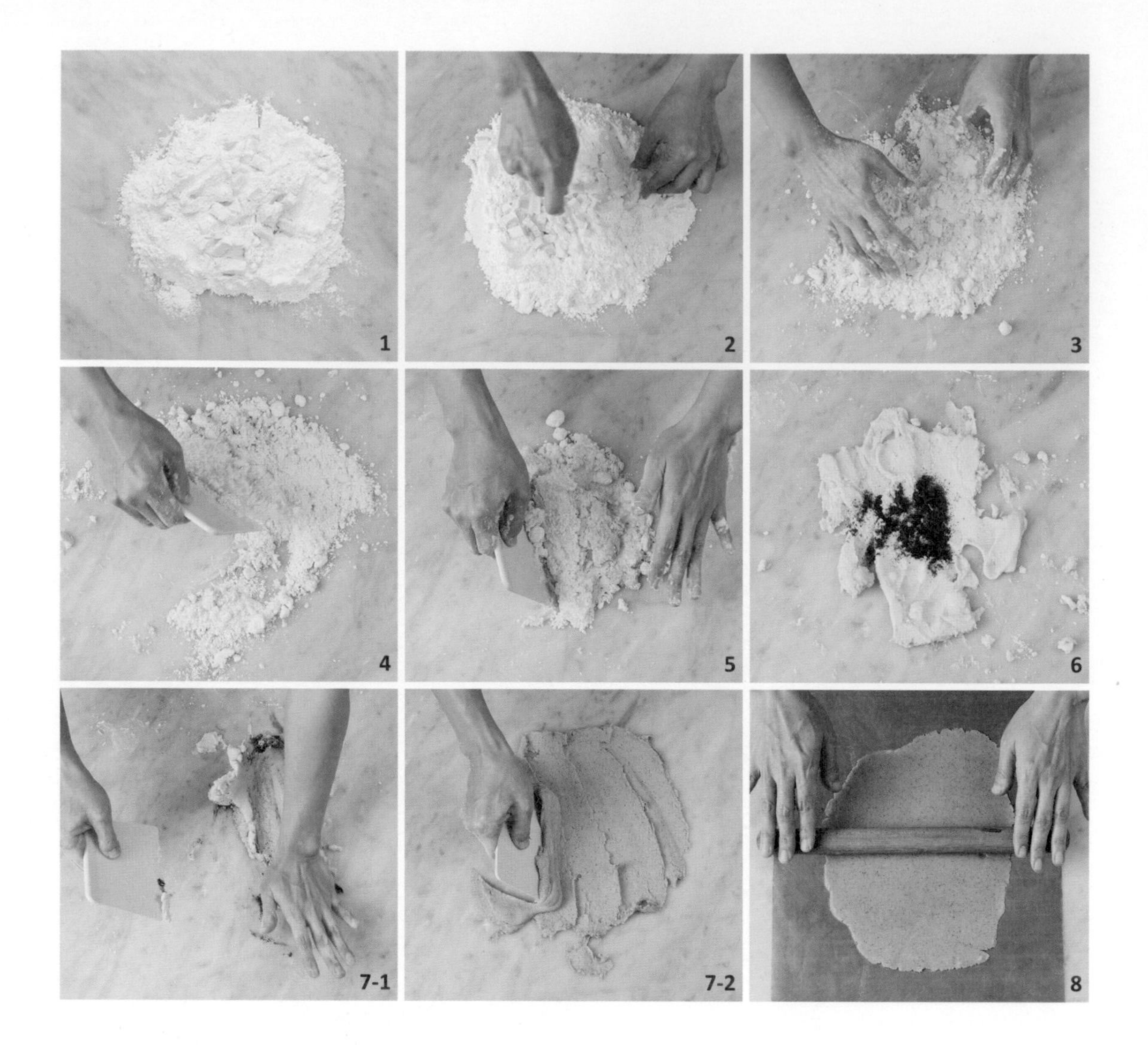

HOW TO MAKE

咖啡塔皮麵團 ＼

1 在工作台上放過篩的低筋麵粉、砂糖、鹽，中間放冷藏無鹽奶油。
2 用刮板將無鹽奶油切碎。
3 用手搓揉粉類和無鹽奶油，搓成小顆粒狀。
4 加入冷藏狀態的蛋黃，用刮刀輔助翻拌混合。
5 持續輕輕翻拌，用手揉成團。
6 加入咖啡粉和咖啡濃縮液。
7 用手搓揉成柔順的麵團後，包覆保鮮膜，放入冰箱中冷藏鬆弛。
8 麵團變硬後取出，用擀麵棍擀開、壓成0.3cm的厚度。

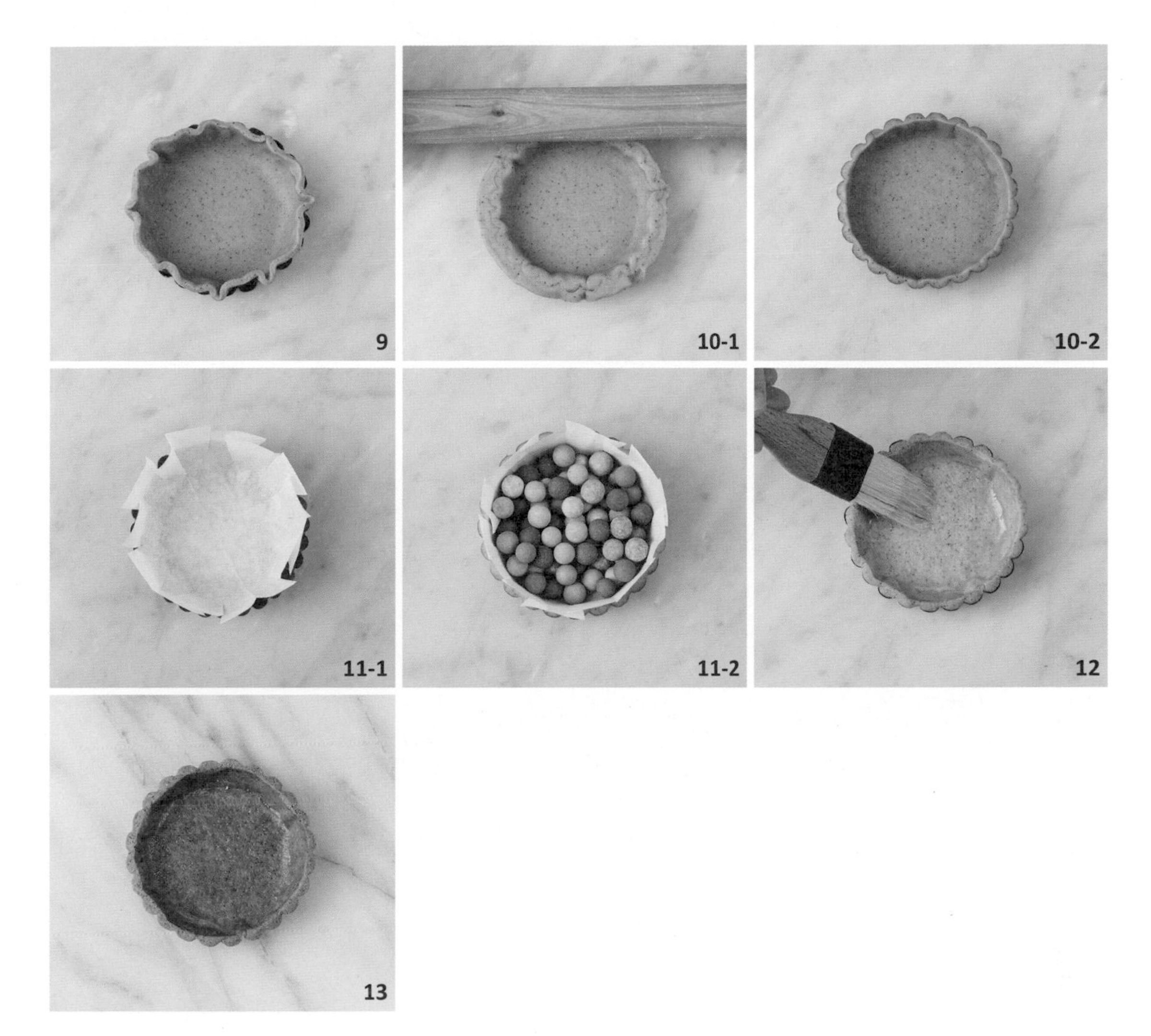

9 取適當大小的麵團放入直徑8cm、高1.7cm的花形塔模中。

10 將麵團與塔模內緣壓合後，以擀麵棍擀過上緣，把邊緣多出來的麵團壓除乾淨後，再用手調整讓整體厚度一致。

11 用叉子在麵團底部均勻戳洞後，鋪上烘焙紙，再放滿烘焙石。

12 放入事先預熱好的烤箱中，以170℃烤15分鐘，取出烘焙石後抹蛋液。

13 再烤10分鐘，放涼後取下塔模即可。

蛋白餅乾 ＼

14 碗中放入蛋白，用電動攪拌器打至起泡。

15 分三次加入砂糖，打發成硬挺的蛋白霜。

16 接著加入蛋黃和香草精，輕輕攪拌。

17 加入過篩的低筋麵粉，快速翻拌均勻。

18 將麵糊放入擠花袋中，用直徑0.8cm的圓形花嘴，在鋪好烘焙紙的烤盤上各擠直徑6cm的圓形和直徑4cm的圓形（兩種尺寸各4個）。

19 放入事先預熱好的烤箱中，以180℃烤7分鐘即可。

蛋白霜 ＼

20 鍋中加入砂糖和水，以小火慢慢加熱。

21 糖漿開始起泡時（105℃），再於另一個碗中放入蛋白，用電動攪拌器開始打發。

22 糖漿加熱到118℃後，慢慢倒入步驟㉑的蛋白霜中，以高速攪拌。

23 糖漿完全加入後，改以中速攪拌至硬挺的狀態，降溫至40℃左右。

起司奶油 ＼

24 碗中加入室溫軟化的奶油乳酪，用電動攪拌器打軟。

25 慢慢加入焦糖醬，攪拌至柔順。

26 再加入馬斯卡彭起司攪拌均勻。

27 在另一個碗中放入鮮奶油，用電動攪拌器打到變硬。

28 把步驟㉗加入步驟㉖中輕輕翻拌。

29 再加入步驟㉓的蛋白霜，一起翻拌均勻。

咖啡糖漿 ＼

30 碗中加入30度波美糖漿、義式濃縮咖啡、咖啡濃縮液、甘露咖啡利口酒，一起攪拌均勻即可。

組合 ＼

31 將烤好放涼的步驟⑲蛋白餅乾，泡入步驟㉚的咖啡糖漿中浸濕。

32 放入冷凍庫中，讓餅乾稍微變硬。

TIP

㉚ 30度波美糖漿製作：鍋中放入水和砂糖（水：砂糖＝100：135）一起煮，煮滾溶化即完成。

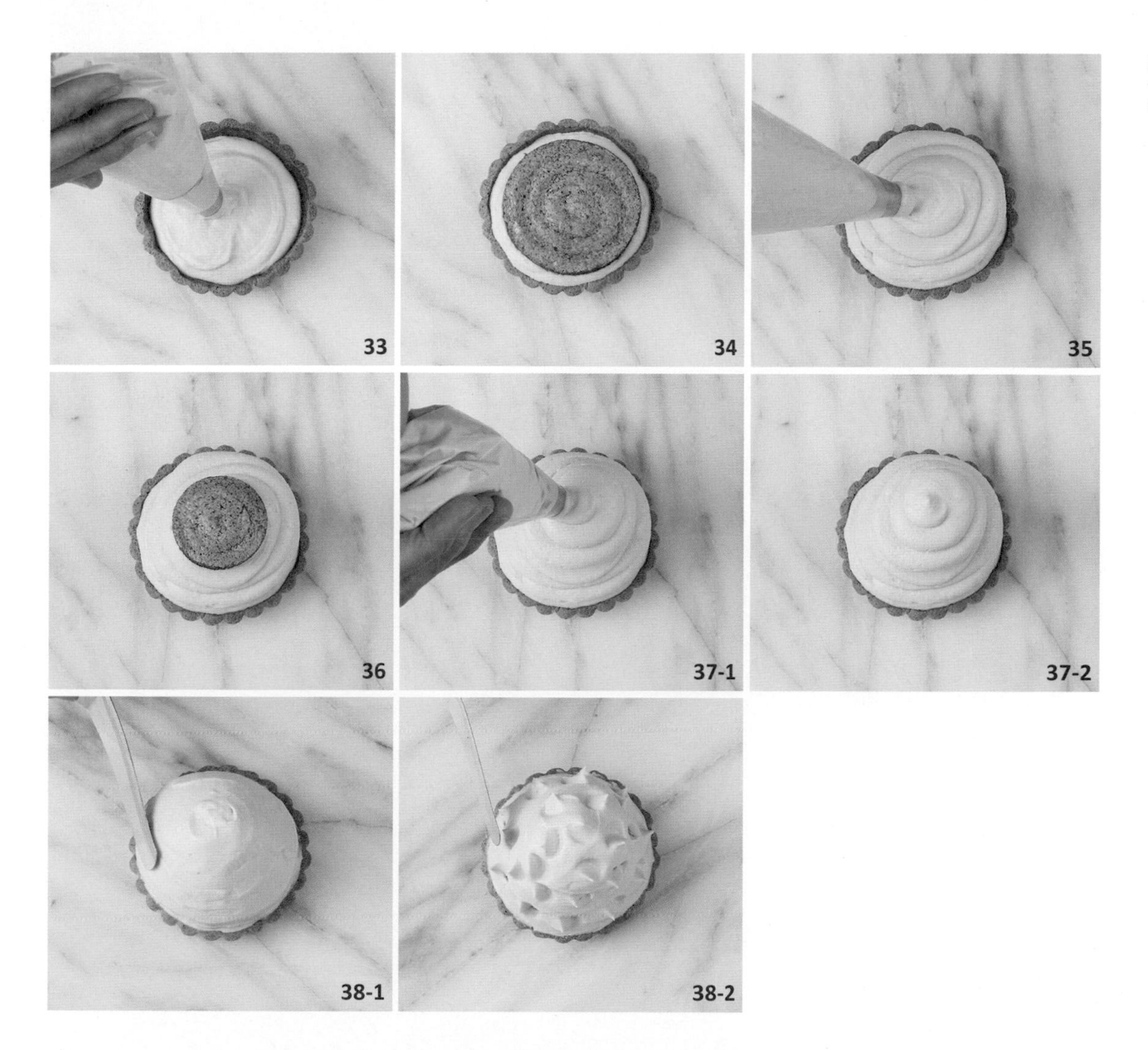

33 將步驟⑬的咖啡塔皮放到蛋糕轉台上，將步驟㉙的起司奶油放入擠花袋中，於塔皮內擠上適當分量。

34 再放上步驟㉜的直徑6cm蛋白餅乾。

35 再擠上一團高高的起司奶油。

36 然後放上步驟㉜的直徑4cm蛋白餅乾。

37 最後再擠上起司奶油，完全覆蓋住餅乾，做成圓球狀。

38 一邊轉動蛋糕轉台，利用蛋糕抹刀將表面整理平順，並自然地壓出一些形狀，最後撒上可可粉即完成。

TIP

㉜、㉞、㊱ 若將泡過咖啡糖漿的餅乾直接放到起司奶油上，糖漿可能會流出，因此請先放進冷凍庫凝固後再使用。

Hazelnut tart

31
榛果塔

INGREDIENTS

⊙ 直徑 7cm 圓形
○ 6 個

塔皮麵團

低筋麵粉 108g
杏仁粉 14g
糖粉 43g
無鹽奶油 65g
雞蛋（冷藏） 22g

焦糖杏仁奶油

無鹽奶油 20g
砂糖 20g
雞蛋（常溫） 20g
杏仁粉 20g
焦糖醬（參考P44） 26g

脆餅

焦糖巧克力 16g
焦糖榛果醬
（帕林內，參考P50） 24g
巴芮脆片 30g

焦糖榛果

焦糖榛果醬
（帕林內，參考P50） 80g

焦糖慕斯

蛋黃 32g
焦糖醬（參考P44） 62g
牛奶 73g
吉利丁塊（參考P95） 8g
焦糖巧克力 78g
鹽 0.2g
鮮奶油 90g

焦糖糖霜

砂糖 75g
水 32g
糖漿 75g
煉乳 50g
白巧克力 75g
吉利丁塊（參考P95） 30g
鹽 0.5g

其他

榛果 適量

HOW TO MAKE

塔皮麵團 ＼

1 工作台上放過篩的低筋麵粉、杏仁粉、糖粉，中間放冷藏無鹽奶油。
2 用刮板將無鹽奶油切碎。
3 用手搓揉粉類和無鹽奶油，搓成小顆粒狀。
4 在中間挖一個洞，加入冷藏狀態的雞蛋。
5 用手揉成柔順的麵團後，包覆保鮮膜，再放入冰箱中冷藏鬆弛。
6 變硬的麵團取出後，用擀麵棍擀開、壓成0.3cm的厚度。
7 取適當大小的麵團放入直徑7cm、高2cm的圓形塔模中。
8 將麵團與塔模內緣壓合後，以擀麵棍擀過上緣，把邊緣多出的麵團壓除乾淨後，再用手調整讓整體厚度一致。

TIP

❽ 若麵團完全貼緊模具，不放烘焙石烘烤也無妨。

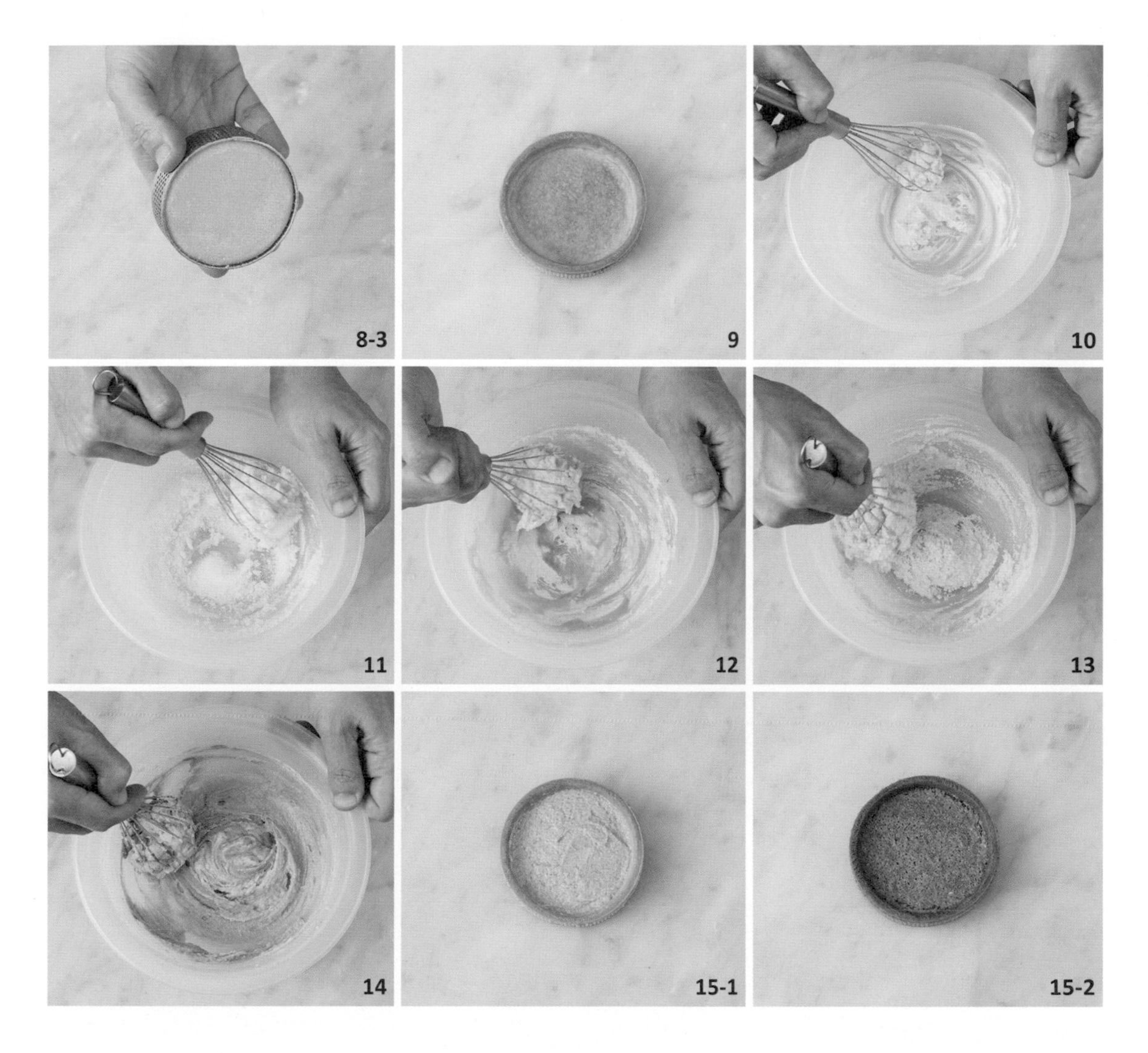

9 放入事先預熱好的烤箱中，以175℃烤10分鐘，放涼後取下模具。

焦糖杏仁奶油 ＼

10 碗中放入無鹽奶油，拌軟、拌開。

11 再加入砂糖攪拌。

12 慢慢加入常溫狀態的雞蛋，一邊攪拌。

13 接著加入杏仁粉攪拌。

14 最後加入焦糖醬攪拌均勻。

15 把焦糖杏仁奶油填入烤好放涼的步驟⑨塔皮中（每個15g），再放入烤箱中，以175℃烤5分鐘。

脆餅 ＼

16 在融化的焦糖巧克力中加入焦糖榛果醬，攪拌至柔順。

17 再加入巴芮脆片拌勻。

18 把脆餅填入步驟⑮的焦糖杏仁奶油上方（每個10g）。

焦糖榛果 ＼

19 將焦糖榛果醬放入擠花袋中，擠到直徑3.5cm、高1.5cm的半圓形模具中（每個13g），再放入冷凍庫中使其凝固。

焦糖慕斯 ＼

20 碗中放入蛋黃和焦糖醬，攪拌均勻。

21 慢慢倒入加熱到微滾的牛奶，一邊攪拌。

22 用微波爐分多次加熱到82℃，並一邊攪拌。

TIP

㉒ 如果分量不多，直接用微波加熱，可以避免水分過度蒸發，也較為方便。

23 接著加入吉利丁塊，讓吉利丁塊融化。

24 再加入以30℃融化的焦糖巧克力和鹽，攪拌均勻。

25 以電動攪拌器攪拌至整體柔順，注意避免空氣進入。

26 再加入鮮奶油輕輕攪拌。

27 把焦糖慕斯倒入步驟⑱的脆餅上，再放進冷凍庫使其變硬。

28 將剩下的焦糖慕斯倒入直徑6cm、高3cm的半圓形模具中，倒半滿後放入冷凍庫凝固。

29 再放上步驟⑲的焦糖榛果。

30 上面再倒滿焦糖慕斯後，再次放入冷凍庫凝固。

TIP

㉘、㉙ 若在焦糖慕斯上直接放結凍的焦糖榛果，可能會沉下去，注意要先等到稍微凝固後再放。

焦糖糖霜 ＼

31 鍋中加入砂糖，以小火慢慢加熱，使其焦糖化。

32 慢慢加入加熱好的水和糖漿，攪拌後稍微放涼（參考P42）。

33 碗中加入步驟㉜（若不足可再補水到180g）、煉乳、白巧克力、吉利丁塊和鹽混合均勻。

34 再以電動攪拌機攪拌，讓糖霜乳化，注意避免空氣進入。接著放入冰箱中冷藏一天後再使用，取出後加熱至40℃融化後，降溫至32℃。

組合 ＼

35 步驟㉚的焦糖慕斯脫模後放到冷卻網上，淋上步驟㉞的焦糖糖霜。

36 淋完後將邊緣整理乾淨。

37 再移到步驟㉗的塔上，最後以烤好的榛果裝飾即完成。

如果說 Maman Gateau 的主打商品是焦糖蛋糕捲，那接下來要推薦什麼呢？在迎接十週年時，我思索著這款具有代表性的商品是什麼。而這個問題的結論是「塔」。塔是具有酥脆餅乾口感的魅力甜點，繼蛋糕之後，大家最愛的就是塔。蛋糕的精華在於柔軟，而塔的強項則在酥脆，因此我毫不猶豫選擇和蛋糕有明顯對比的塔。

而說到塔，型態、口味都很多樣，因此我接著考量的則是風味。要帶有焦糖獨特風味，同時擁有其他特色的食材，讓我想到了「焦糖堅果」。焦糖和堅果的組合，很久以前就被作為主材料而運用於糕點上，但卻不廣為人知。自己製作焦糖堅果時，會被滿滿的香氣圍繞，不需品嚐也能充分想像。圓圓的焦糖榛果本身就十分引人注目，風味也相當令人感動。以焦糖榛果製成的榛果塔，是我很想要讓大家體驗的產品，若想要感受滿滿的焦糖滋味和榛果香味，請試著做做看吧。

Galette des rois aux figues

32

無花果焦糖杏仁國王餅

INGREDIENTS

15X15cm 四方形
1 個

酥皮麵團

高筋麵粉 63g
低筋麵粉 63g
鹽 2.5g
砂糖 2.5g
水 28g
牛奶 28g
無鹽奶油（室溫軟化） 13g
發酵無鹽奶油片 100g

焦糖杏仁奶油

無鹽奶油 16g
砂糖 14g
焦糖（參考P40） 9g
雞蛋（常溫） 14g
低筋麵粉 6g
杏仁粉 23g
焦糖醬（參考P44） 14g

焦糖卡士達醬

砂糖 14g
牛奶 48g
蛋黃 12g
玉米粉 4g
鹽 0.3g

國王派杏仁奶餡

焦糖卡士達醬（取自左列成品） 40g
焦糖杏仁奶油（取自左列成品） 80g

外層糖漿

焦糖糖漿（參考P42） 35g
水 6g

其他

半乾無花果乾 25g
水 適量
蛋液 適量

HOW TO MAKE

酥皮麵團 ＼

1 在工作台上放過篩的高筋麵粉、低筋麵粉、鹽和糖，中間稍微挖個洞，接著加入水、牛奶和室溫軟化的無鹽奶油。

2 先用刮板輕輕混合材料後，用手揉成光滑的麵團。

3 在麵團上劃十字後，包覆保鮮膜，放入冰箱中冷藏。

4 將無鹽發酵奶油片擀成13X13cm大小，包覆保鮮膜，放冰箱冷藏。

5 將步驟③的麵團（12℃）擀成13X26cm大小，在中間放上步驟④已經冰硬的奶油片（18℃），再以麵團包覆奶油。

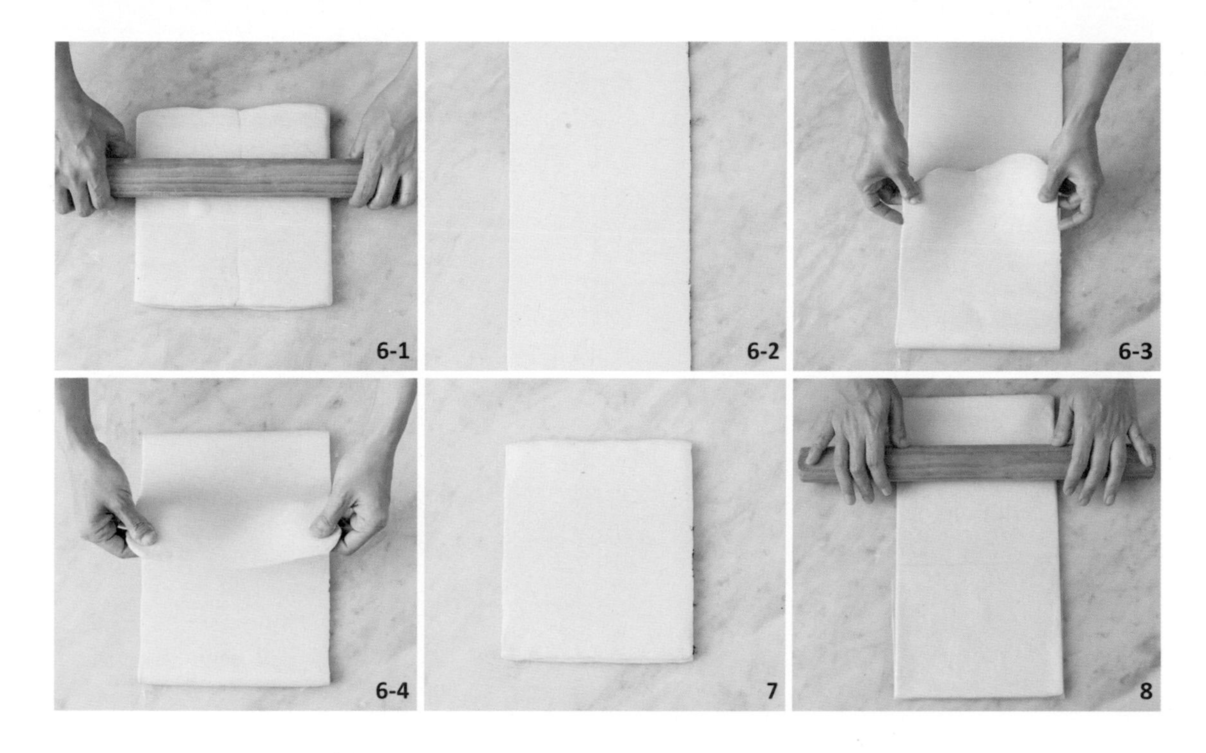

6 重複「轉90度擺放，擀成長條狀，再折三折」的步驟兩次，接著放入冰箱中冷藏1小時以上。（折三折兩次）

7 接著再反覆兩次步驟⑥的動作。（折三折共六次）

8 經過冰箱冷藏後取出，擀成約18X35cm、厚度0.4cm大小。

TIP

❶～❽ 製作酥皮麵團時，麵團和奶油片的大小要相符，才能做出分層。另外，若折疊的時候溫度過低，奶油太硬，擀製時可能會裂開。

焦糖杏仁奶油 ＼

9　碗中放入無鹽奶油，用打蛋器拌軟、拌開。

10 加入砂糖和焦糖攪拌。

11 慢慢加入常溫狀態的雞蛋，並充分攪拌均勻。

12 加入過篩的低筋麵粉和杏仁粉攪拌。

13 再加入焦糖醬拌勻。

焦糖卡士達醬 ＼

14 鍋中加入砂糖，以小火慢慢加熱，使其焦糖化。

15 慢慢加入加熱到微滾的牛奶，攪拌後稍微放涼（參考P44）。

16 另一個碗中放入蛋黃和過篩的玉米粉，攪拌均勻。

17 接著慢慢加入步驟⑮攪拌均勻。

18 加鹽攪拌後過篩。

19 移入鍋中，以小火慢慢加熱，一邊攪拌，整體會愈來愈濃稠，直到中間完全煮熱即可離火。

20 用保鮮膜緊密覆蓋後，放入冰箱中冷藏。

國王派杏仁奶餡 ＼

21 碗中放入步驟⑳的焦糖卡士達醬，攪拌至柔順，接著放入⑬的焦糖杏仁奶油，攪拌均勻即可。

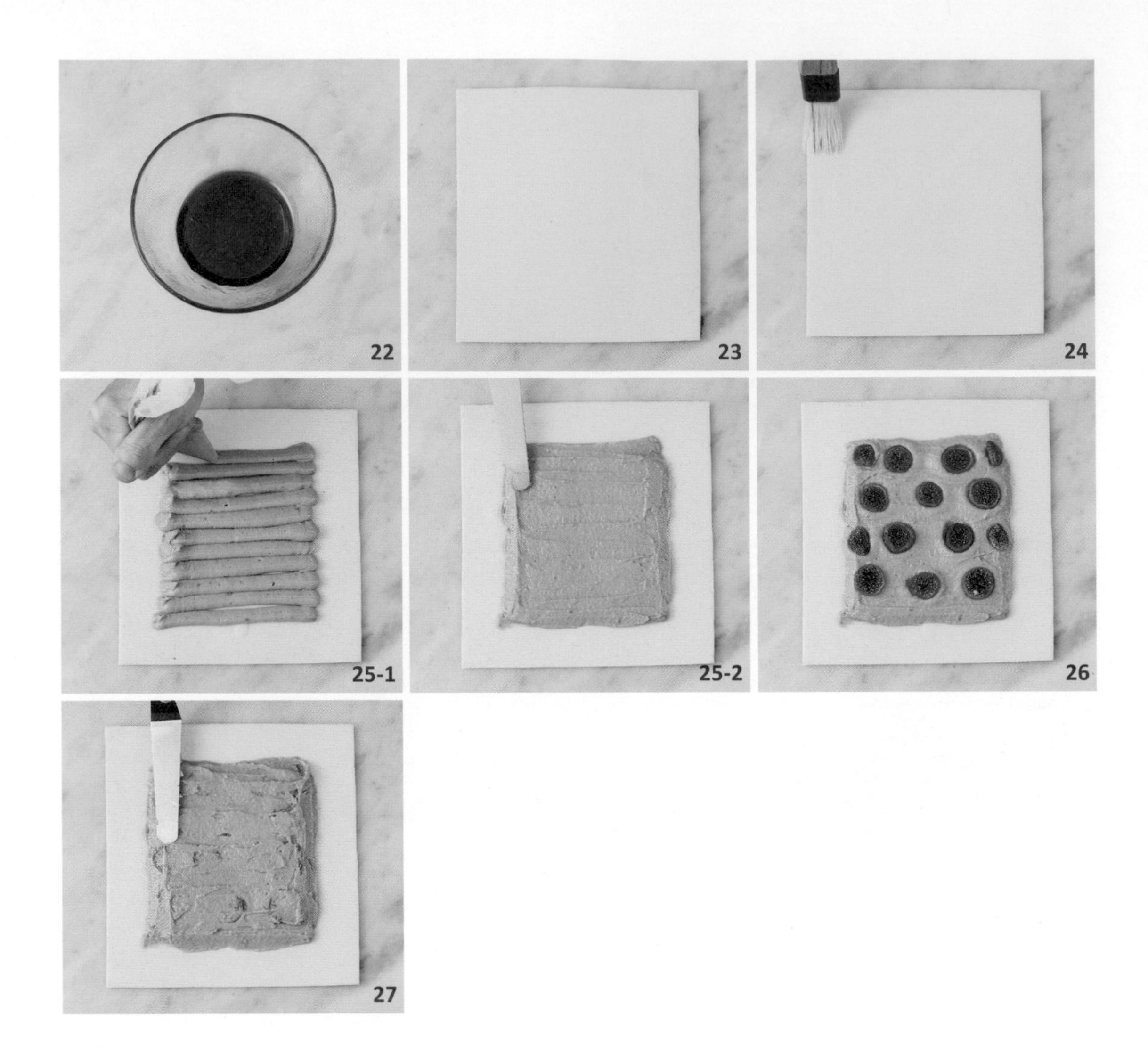

外層糖漿 ＼

22 碗中放入焦糖糖漿和水，稍微加熱即可。

組合 ＼

23 將步驟⑧的酥皮麵團切出17X17cm大小。

24 在麵團邊緣抹水。

25 將步驟㉑的國王派杏仁奶餡裝入擠花袋，擠在正中間並用刮刀整平。

26 將半乾無花果乾切成適當大小後擺上去。

27 再擠上國王派杏仁奶餡並整平。

TIP

㉒ 如果分量不多，直接用微波加熱，可以避免水分過度蒸發，也較為方便。

28 將剩下的步驟㉓酥皮麵團切成18X18cm大小後蓋上，用手按壓邊緣，讓四周貼合，接著放入冰箱中，讓整體變硬。

29 切掉邊緣，變成16X16cm大小。

30 於表面抹兩次蛋液。

31 用刀尖劃出喜歡的紋路。

32 放到烘焙墊上，接著放入事先預熱好的烤箱中，以180℃烤35分鐘。

33 烤好後立刻抹上步驟㉒的糖漿即完成。

TIP

㉓～㉘ 兩片酥皮要完全貼合，國王派杏仁奶餡才不會流出，因此抹水後要壓緊。

Pistachio mille-feuille

33
開心果拿破崙蛋糕

INGREDIENTS

9X20cm 四方形

1 個

酥皮麵團

高筋麵粉 63g
低筋麵粉 63g
鹽 2.5g
糖 2.5g
水 28g
牛奶 28g
無鹽奶油（室溫軟化） 13g
發酵無鹽奶油片 100g
焦糖（參考P40） 適量

焦糖外交官奶油

砂糖 64g
牛奶 216g
蛋黃 52g
玉米粉 18g
鹽 1.4g
焦糖巧克力 50g
鮮奶油 180g

開心果奶油

白巧克力 60g
鮮奶油 200g
吉利丁塊（參考P95） 10g
開心果醬 76g
鹽 0.2g

焦糖開心果

砂糖 17g
水 7g
開心果 40g

其他

焦糖果凍（參考P282） 適量

HOW TO MAKE

酥皮麵團 ＼

1 在工作台上放過篩的高筋麵粉、低筋麵粉、鹽和糖，中間稍微挖個洞，接著加入水、牛奶和室溫軟化的無鹽奶油。

2 先用刮板輕輕混合材料後，用手揉成光滑的麵團。

3 在麵團上劃十字後，包覆保鮮膜，放入冰箱中冷藏。

4 將無鹽發酵奶油片擀成13X13cm大小，包覆保鮮膜，放冰箱冷藏。

5 將步驟③的麵團（12℃）擀成13X26cm大小，在中間放上步驟④冰硬的奶油片（18℃），再以麵團包覆奶油。

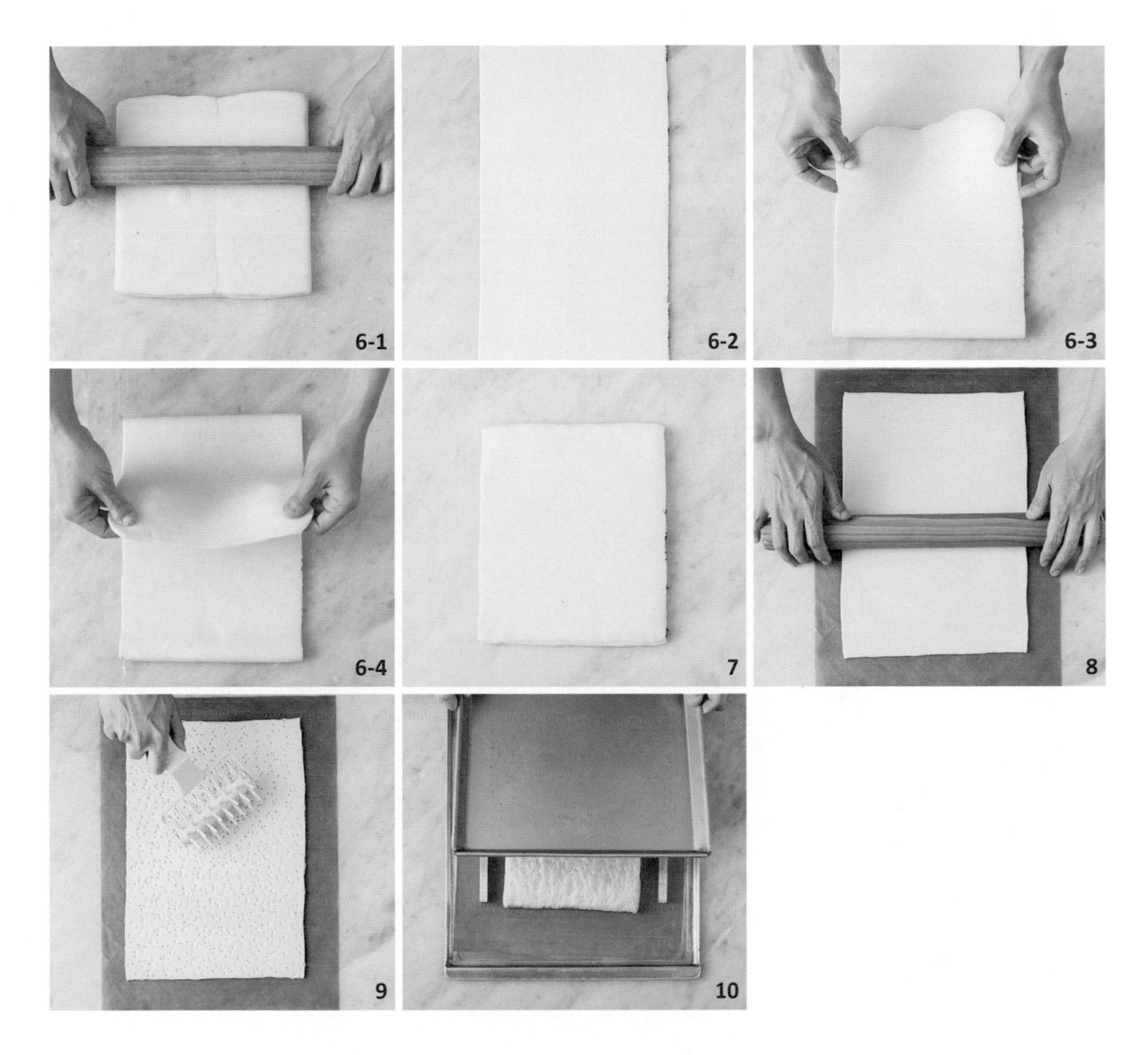

6 重複「轉90度擺放，擀成長條狀，再折三折」的步驟兩次。接著放入冰箱中冷藏1小時以上。（折三折兩次）

7 接著再反覆兩次步驟⑥的動作。（折三折共六次）

8 經過冰箱冷藏後取出，擀成約20X30cm、厚度0.4cm大小。

9 用叉子等工具均勻戳洞，接著放入事先預熱好的烤箱中，以180℃烤10分鐘後取出。

10 這時麵團烤到膨起來了，於烤盤兩側放兩根1cm寬的不銹鋼鐵條，撐起上方的鐵盤，再烤25分鐘（20分鐘後拿起鐵盤）。

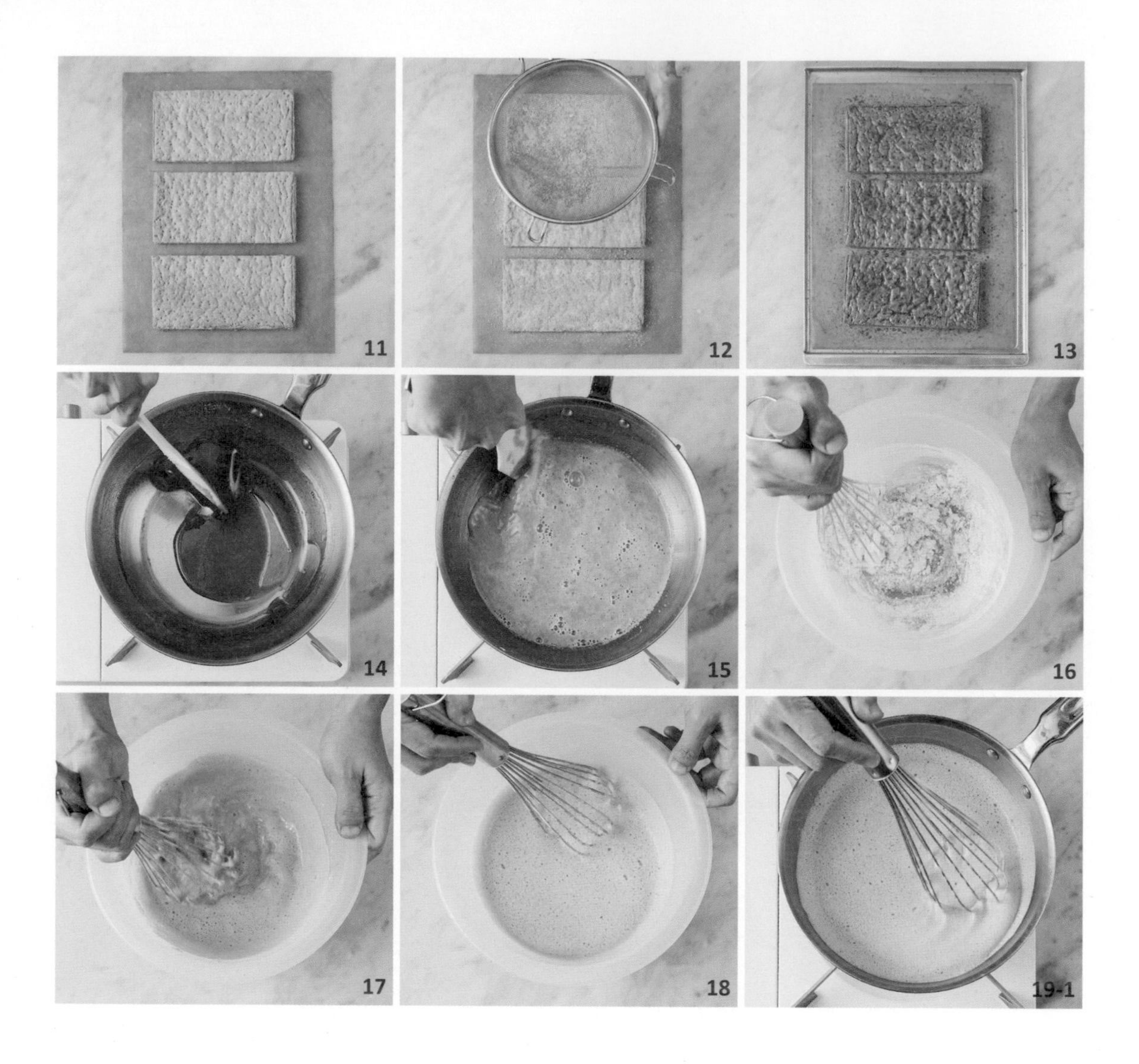

11 酥皮烤好放涼後切成18X9cm的大小，共3塊。

12 均勻撒上焦糖。

13 再放入烤箱中，以180℃烤5分鐘，直到變成焦糖色。

焦糖外交官奶油 ＼

14 鍋中加入砂糖，以小火慢慢加熱，使其焦糖化。

15 慢慢加入加熱到微滾的牛奶，攪拌後稍微放涼（參考P44）。

16 在另一個碗中放入蛋黃和過篩的玉米粉，攪拌均勻。

17 慢慢加入步驟⑮並一邊攪拌。

18 加鹽攪拌後過篩。

19 移入鍋中，以小火慢慢加熱，一邊攪拌，整體會愈來愈濃稠，直到中間完全煮熟後即可離火，稍微放涼。

20 加入以30℃融化的焦糖巧克力攪拌均勻。

21 在另一個碗中放入鮮奶油，用電動攪拌器打發至變硬。

22 當步驟⑳降溫至30℃左右時，加入步驟㉑的鮮奶油，輕輕翻拌均勻。

開心果奶油 ＼

23 在以30℃融化的白巧克力中加入加熱到微滾的鮮奶油，並攪拌均勻。

24 加入吉利丁塊，讓吉利丁塊融化。

25 接著加入開心果醬和鹽攪拌後，再以電動攪拌器拌至柔順，注意避免空氣進入。接著放入冰箱中冷藏一天。

26 使用時再以電動攪拌器充分攪拌，打至硬挺的狀態。

焦糖開心果 ＼

27 鍋中加入砂糖和水，以小火慢慢加熱，煮到118℃。

28 加入開心果，快速攪拌。

29 均勻攪拌至開心果表面整體有糖粒產生（砂糖的結晶化）。

30 取出攤開在烘焙墊上，一一分開，完全放涼後切成適當的大小即可（參考P46）。

組合 ＼

31 將步驟㉒的焦糖外交官奶油放入擠花袋中，用直徑1.2cm的圓形花嘴，擠到兩片放涼的步驟⑬酥皮上，再將表面整平。

32 放入冰箱中，表面稍微變硬後，將兩片疊起來，再放上切小塊的焦糖果凍。

33 疊上剩下的第二片酥皮，稍微壓緊。

34 將步驟㉖的開心果奶油放入擠花袋中，用直徑1cm的圓形花嘴，以不規則狀擠在最上層。

35 蓋上OPP膠膜，輕壓讓整體高度一致。放入冰箱中，變硬後切成希望的大小，最後再以焦糖果凍和步驟㉚的焦糖開心果裝飾即完成。

TIP

㉟ 放入冰箱、完全變硬後，酥皮以麵包刀切，奶油以菜刀切，輪流換刀切，才能切得漂亮。

Earl grey pudding

34
伯爵茶焦糖布丁

INGREDIENTS

100mL 布丁罐
4 個

伯爵茶

熱水 40g
伯爵茶葉 1.7g

伯爵焦糖糖漿

砂糖 52g
伯爵茶
（取自左列成品） 24g

伯爵茶布丁餡

牛奶 183g
伯爵茶葉 3.5g
雞蛋 28g
蛋黃 18g
砂糖 28g
鮮奶油 94g

HOW TO MAKE

伯爵茶 ＼

1 將伯爵茶葉放入熱水中，泡3分鐘後撈起、過篩。

伯爵焦糖糖漿 ＼

2 在鍋中加入砂糖，以小火慢慢加熱，使其焦糖化。

3 變褐色後，慢慢加入步驟①的熱伯爵茶並攪拌（參考P42）。

4 在每個布丁罐中各倒入10g，放入冰箱中使其冷卻變硬。

伯爵茶布丁餡 ＼

5 牛奶加熱到微滾後，加入伯爵茶葉泡3分鐘。

6 將伯爵茶葉過濾出來（過篩後將牛奶補足至183g）。

7 在另一個碗中放入雞蛋、蛋黃和砂糖，攪拌均勻。

8 慢慢加入步驟⑥攪拌，再加入鮮奶油拌勻，接著過篩。

組合 ＼

9 在步驟④的伯爵焦糖糖漿上加入伯爵茶布丁餡。

10 在烤盤上倒入足量的水，放入事先預熱好的烤箱中，以140℃隔水加熱烤30分鐘即完成。

TIP

❹、❾ 如果伯爵焦糖糖漿還沒完全變硬就加入伯爵茶布丁餡，可能會混在一起，請務必等變硬再加入。

❿ 請避免溫度過高或烤太久，以免布丁口感變硬。

Vanilla créme brûlée

35
香草焦糖烤布蕾

INGREDIENTS

直徑 12cm 圓形
3 個

香草布蕾

鮮奶油 180g
牛奶 45g
香草莢 3cm
雞蛋 36g
蛋黃 33g
砂糖 33g

其他

焦糖（參考P40）適量

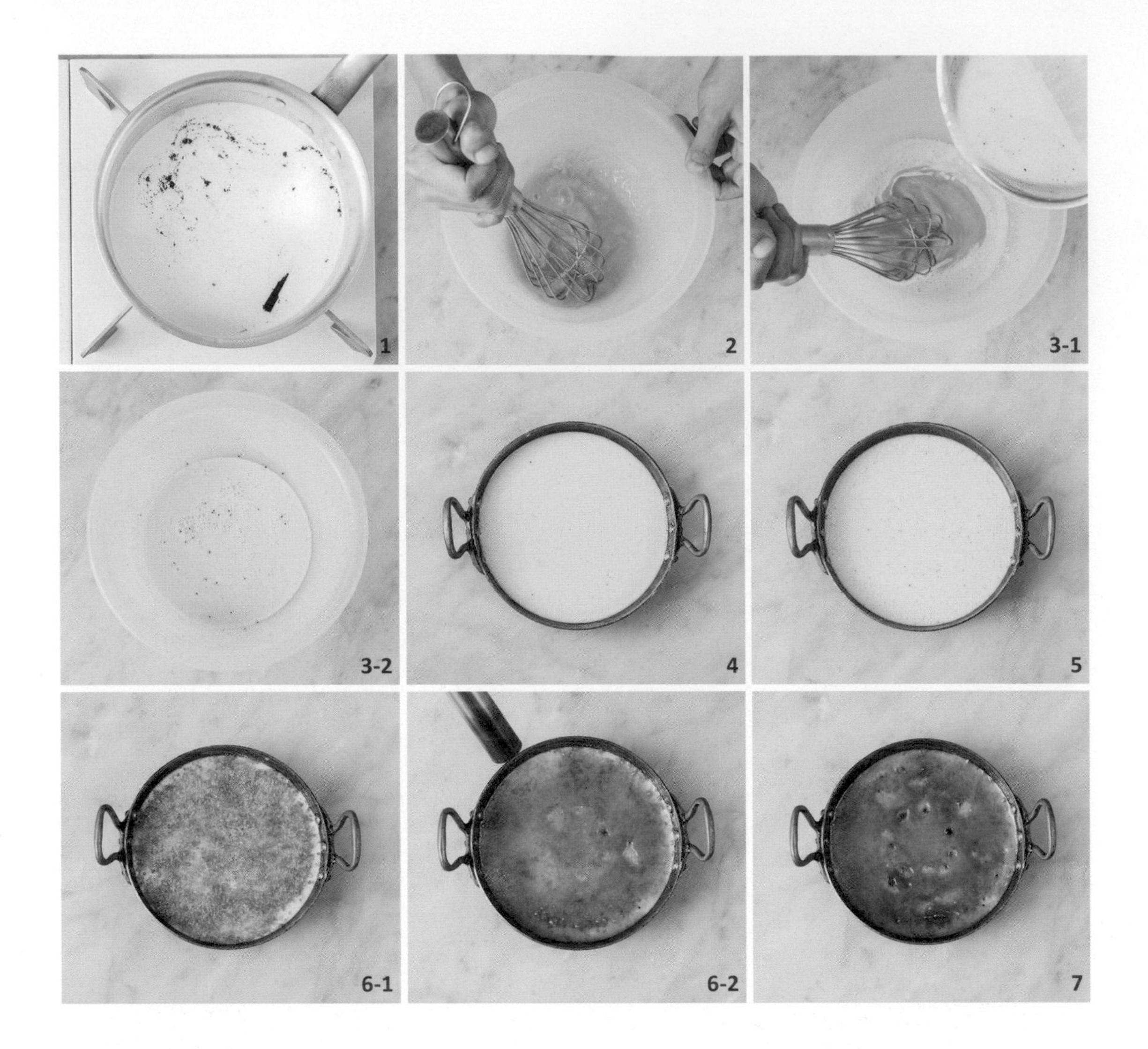

HOW TO MAKE

香草布蕾 & 組合 ＼

1 鍋中放入鮮奶油、牛奶、香草莢（用刀子刮出豆莢中的籽，把豆莢和籽一起放入）加熱。

2 另一個碗中放入雞蛋、蛋黃、砂糖攪拌。

3 把步驟①分兩次加入步驟②中攪拌均勻，再過篩。

4 倒入直徑12cm的圓形容器中，放入事先預熱好的烤箱中，以150℃隔水加熱烤20分鐘。

5 烤好後放入冰箱中冷藏降溫。

6 在香草布蕾上慢慢地均勻撒一些焦糖。以噴槍小心地燒到焦糖融化。

7 反覆多次步驟⑥的過程，呈現微焦感的琥珀色即完成。

TIP

❻～❼ 焦糖烤布蕾要搭配表面脆脆的焦糖脆片才美味，但是焦糖脆片做好後會逐漸變濕軟，因此建議吃之前再製作上層焦糖即可。

Part 5

手工焦糖糖果

Homemade Caramel

Shio caramel

INGREDIENTS

⧅ 14X14cm 四方形	鮮奶油 92g	糖漿 69g	無鹽奶油110g
☐ 1 個	牛奶 92g	轉化糖漿 69g	玫瑰鹽 2.8g
	砂糖 138g		

01 鹽味焦糖糖果

HOW TO MAKE

1 鍋中放入鮮奶油和牛奶，以小火煮。

2 煮到微滾後，依序加入砂糖、糖漿和轉化糖漿攪拌。

3 以小火一邊煮一邊攪拌。

4 煮到105℃時，加入室溫軟化的無鹽奶油和玫瑰鹽，煮到116℃。

5 關火，再以電動攪拌器攪拌至滑順，注意避免空氣進入。

6 在14X14X3cm的四方形模具中鋪耐熱保鮮膜後，倒滿步驟⑤，並放入冰箱冷藏使其凝固。取下模具後切成適當的大小，再依喜好包裝後，置於陰涼處保存。

TIP

❹ 各種鹽的鹹度稍有不同，使用時請注意用量。

Matcha caramel

INGREDIENTS

◪ 14X14cm 四方形	鮮奶油 316g	砂糖 126g	糖漿 34g
□ 1 個	牛奶 236g	抹茶粉 6g	無鹽奶油 34g

02 抹茶焦糖糖果

HOW TO MAKE

1 鍋中放入鮮奶油和牛奶，以小火煮。

2 煮到微滾後，加入砂糖、抹茶粉和糖漿攪拌。

3 以小火一邊煮一邊攪拌。

4 煮到108℃時，加入室溫軟化的無鹽奶油攪拌均勻。

5 關火，再以電動攪拌器攪拌至滑順，注意避免空氣進入。

6 在14X14X3cm的四方形模具中鋪耐熱保鮮膜後，倒滿步驟⑤，並放入冰箱冷藏使其凝固。取下模具後切成適當的大小，再依喜好包裝後，置於陰涼處保存。

TIP

❷ 先將抹茶粉加糖混合拌勻後再加入，比較不容易結塊。

Black sesame caramel

INGREDIENTS

☒ 14X14cm 四方形	鮮奶油 234g	砂糖 142g	黑芝麻A 8g
☐ 1 個	牛奶 196g	糖漿 26g	黑芝麻B 適量
	黑芝麻醬 26g	無鹽奶油 26g	

03 黑芝麻焦糖糖果

HOW TO MAKE

1 鍋中放入鮮奶油和牛奶，以小火煮。

2 加入黑芝麻醬攪拌。

3 煮到微滾後，加入砂糖和糖漿攪拌。

4 以小火一邊煮一邊攪拌。

5 煮到110～111℃時，加入室溫軟化的無鹽奶油和黑芝麻A攪拌均勻。

6 關火，再以電動攪拌器攪拌至滑順，注意避免空氣進入。

7 在14X14X3cm的四方形模具中鋪耐熱保鮮膜後，均勻地撒上一半黑芝麻B。

8 倒滿步驟⑥後，表面再撒另一半黑芝麻B，接著放入冰箱冷藏使其凝固。取下模具後切成適當的大小，再依喜好包裝後，置於陰涼處保存。

TIP

❺ 煮焦糖時，溫度不同濃度就會不同，請依希望的口感調整溫度。

Rose caramel

INGREDIENTS

◺ 14X14cm 四方形	牛奶 240g	荔枝果泥 120g	無鹽奶油 20g
□ 1 個	乾燥玫瑰花瓣A 4g	砂糖 192g	玫瑰甜酒 16g
	鮮奶油 160g	糖漿 32g	乾燥玫瑰花瓣B 適量
	覆盆子果泥 40g		

04 玫瑰焦糖糖果

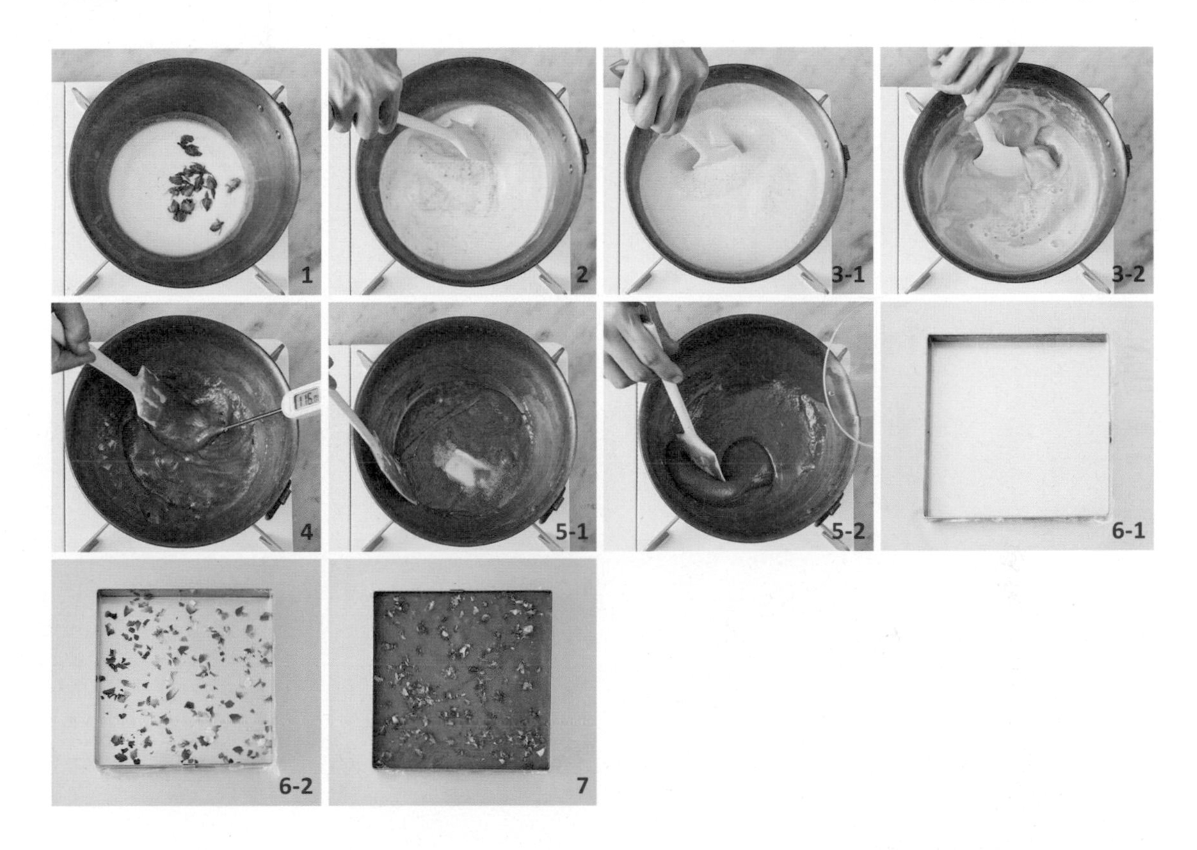

HOW TO MAKE

1 將牛奶加熱後，加入乾燥玫瑰花瓣A，放置5分鐘，讓香氣釋出。

2 將鍋裡的乾燥玫瑰花瓣A撈出後，加入補量的牛奶、鮮奶油、覆盆子果泥、荔枝果泥，以小火煮（撈除乾燥玫瑰花瓣後，請將牛奶補足至240g）。

3 煮到微滾後，加入砂糖和糖漿攪拌。

4 以小火一邊煮一邊攪拌。

5 煮到116℃時，加入室溫軟化的無鹽奶油和玫瑰甜酒攪拌均勻。關火，再以電動攪拌器攪拌至滑順，注意避免空氣進入。

6 在14X14X3cm的四方形模具中鋪耐熱保鮮膜後，撒上一半的乾燥玫瑰花瓣B。

7 倒滿步驟⑤，表面再撒上另一半乾燥玫瑰花瓣B，接著放入冰箱冷藏使其凝固。取下模具後切成適當的大小，再依喜好包裝後，置於陰涼處保存。

TIP

❷～❺ 煮焦糖時，依火力大小不同，水分的量也會改變，因此在加熱到最終溫度之前，請同時考量適當的火力及作業時間，才能達到理想的濃稠度。

Bean powder caramel

INGREDIENTS

☒ 14X14cm 四方形
☐ 1 個

砂糖A 42g
糖漿 30g
鮮奶油 216g

砂糖B 172g
黃豆粉A 26g

無鹽奶油 20g
黃豆粉B 適量

05

黃豆粉焦糖糖果

HOW TO MAKE

1 鍋中加入砂糖A和糖漿，以小火慢慢加熱至呈褐色，使其焦糖化。

2 先將鮮奶油加熱到微滾，再慢慢倒入鍋中並攪拌。

3 煮到微滾後，加入混合好的砂糖B和黃豆粉A攪拌。

4 以小火一邊煮一邊攪拌。

5 煮到115℃時，加入室溫軟化的無鹽奶油攪拌均勻。

6 關火，再以電動攪拌器攪拌至滑順，注意避免空氣進入。

7 在14X14X3cm的四方形模具中鋪耐熱保鮮膜後，倒滿步驟⑥，放入冰箱冷藏凝固。

8 取下模具後，前後兩面沾黃豆粉B，再切成適當的大小，依喜好包裝後，置於陰涼處保存。

TIP

❶ 若過度焦糖化，會過於黏稠，請多留意加熱的時間。

Lime shiso caramel

INGREDIENTS

14X14cm 四方形
1 個

鮮奶油 212g
牛奶 140g
萊姆果泥 140g

砂糖 168g
糖漿 28g
紫蘇葉 4.8g

無鹽奶油 28g
萊姆皮屑 適量

06 萊姆紫蘇焦糖糖果

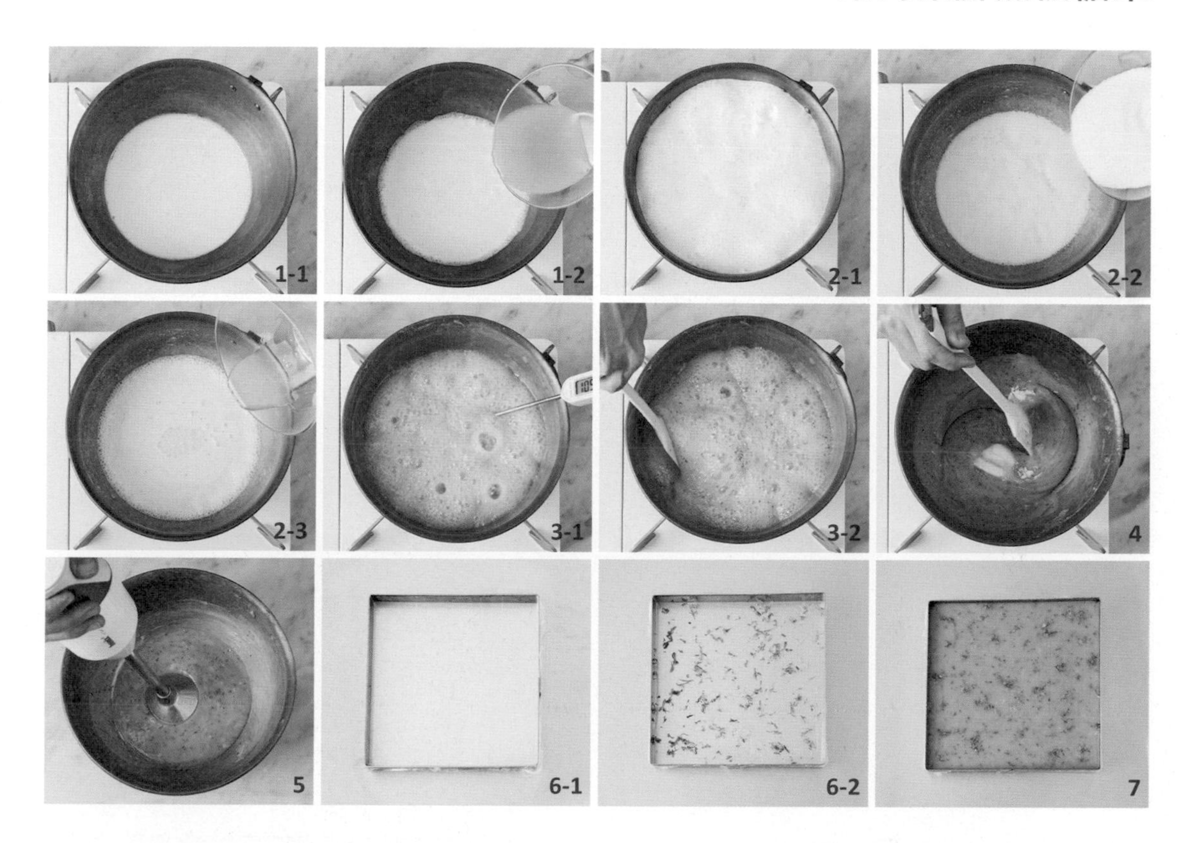

HOW TO MAKE

1 鍋中加入鮮奶油、牛奶和萊姆果泥，以小火煮。
2 煮到微滾後，加入砂糖和糖漿攪拌。
3 到105℃時，加入切碎的紫蘇葉，再以小火邊煮邊攪拌。
4 到118℃時，加入室溫軟化的無鹽奶油攪拌均勻。
5 關火後，以電動攪拌器攪拌至滑順，注意避免空氣進入。
6 在14X14X3cm的四方形模具中鋪耐熱保鮮膜後，撒上萊姆皮屑。
7 倒滿步驟⑤後，再撒萊姆皮屑，接著放入冰箱冷藏使其凝固。取下模具後切成適當的大小，再依喜好包裝後，置於陰涼處保存。

TIP

❸ 如果沒有紫蘇葉，也可以用薄荷或羅勒代替，但風味會不同。

Raspberry caramel

INGREDIENTS

☒ 14X14cm 四方形
☐ 1 個

鮮奶油 106g
牛奶 109g
冷凍覆盆子 113g

砂糖 163g
糖漿 81g
轉化糖漿 81g

無鹽奶油 28g
檸檬果泥 5g

07 覆盆子焦糖糖果

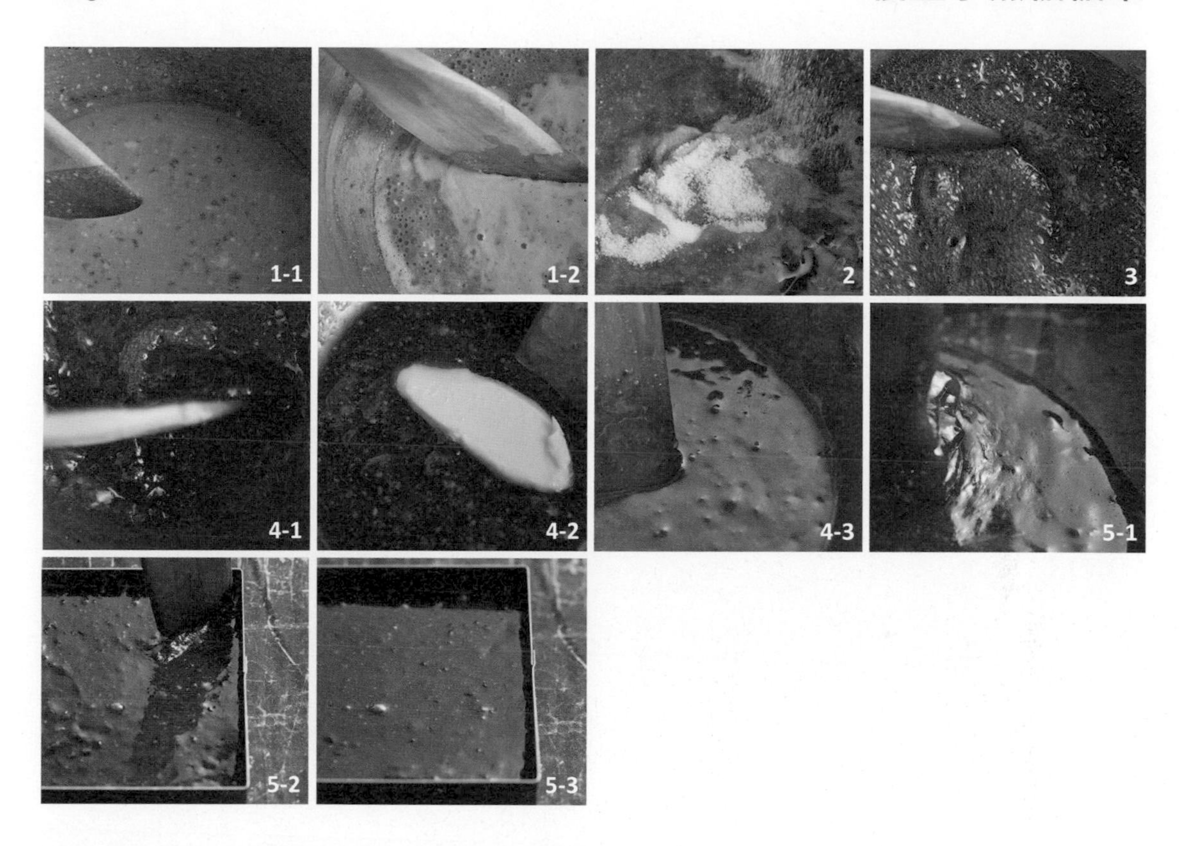

HOW TO MAKE

1 鍋中加入鮮奶油、牛奶和冷凍覆盆子，以小火煮。

2 煮到微滾後，加入砂糖、糖漿和轉化糖漿攪拌。

3 以小火一邊煮一邊攪拌。

4 煮到114℃時，加入室溫軟化的無鹽奶油和檸檬果泥攪拌均勻，再關火，以電動攪拌器攪拌至滑順，注意避免空氣進入。

5 在14X14X3cm的四方形模具中鋪耐熱保鮮膜後，倒滿步驟④，並放入冰箱冷藏使其凝固。取下模具後切成適當的大小，再依喜好包裝後，置於陰涼處保存。

TIP

❶ 加入冷凍覆盆子可以增加咀嚼口感，若沒有冷凍覆盆子，可以用覆盆子醬代替。

不論是哪個領域，都有當代最流行的元素，不過，現今的甜點流行週期變短了，而且愈來與有分眾趨勢。過去，咖啡正流行時，大街小巷都瀰漫著咖啡香，五顏六色的杯子蛋糕也曾經紅極一時。我也曾經有過「想當杯子蛋糕設計師」的念頭，但也反覆思索，自己是否只是在追隨流行。那個時候，我想起了焦糖，也開始有了自己的夢想。終於，實現夢想的現在，可以盡情品嚐令人感動的手工焦糖。

當時的我，是在很短的時間內下定決心要專做焦糖產品。雖然經營焦糖概念主題店並不容易，但我有自信能夠讓大家看見焦糖產品的多元性。也或許正是因為焦糖這個主題，無形中幫助我掌握當下的流行元素。焦糖，一直是備受喜愛的滋味。

在我小時候，就曾經嘗試自己手工製作焦糖。長大後前往日本尋找靈感時，偶然看見生焦糖，打破了我對焦糖的印象。「生」即代表以新鮮食材帶出原本的風味。看著十多種焦糖羅列，讓我興起了製作生焦糖的念頭。

由於不同於過去製作的焦糖，我日夜反覆嘗試，才終於找出砂糖中隱藏的祕密，並且一一解開，就這麼過了十多年。即使到了現在，煮焦糖仍然是我的每日行程，就如同過去一般，未曾厭倦。

Part 6

焦糖裝飾

Caramel Decoration

Caramel jelly

INGREDIENTS

◪ 12X12cm 四方形
□ 1 個

水 63g
焦糖糖漿(參考P42) 42g

吉利丁塊(參考P95) 16g

棕可可香甜酒 4g

01

焦糖果凍

HOW TO MAKE

1 鍋中加入水和焦糖糖漿，以小火加熱。

2 離火，加入吉利丁塊，使其融化。

3 加入棕可可香甜酒攪拌，再放入冰塊水（材料分量外）中降溫至30℃左右。

4 在12X12X2cm的四方形模具中鋪耐熱保鮮膜後，倒滿步驟③，並放入冰箱冷藏使其凝固。取下模具後，切成適當的大小即完成。

TIP

❸ 如果沒有棕可可香甜酒，可以用蘭姆酒或其他利口酒代替。

Caramel meringue

INGREDIENTS

蛋白 50g
砂糖 25g
焦糖（參考P40）25g
糖粉A 50g
糖粉B 適量

HOW TO MAKE

1 碗中加入蛋白用電動攪拌器打至起泡後，分多次加入砂糖及焦糖持續攪打。

2 打發成尖角明顯、不會流動的蛋白霜。

3 再加入糖粉A，用刮刀輕輕翻拌均勻。

4 烤盤上鋪烘焙紙，以湯匙取蛋白霜，以一定的大小與間隔放上。放入90℃的烤箱中烤1～2小時至全乾為止。

5 或是在盤子上鋪烘焙紙，將蛋白霜自然鋪開，再均勻撒糖粉B。放入90℃的烤箱中烤1～2小時至全乾為止。使用時可再依需求折成適當大小。

TIP

❶、❷ 太大顆的焦糖粒子不易溶解，請以顆粒較小的焦糖製作。

❹、❻ 可以用圓形或星形花嘴做出常見的水滴形馬林糖，或是做成長條形，造型不限、應用多元。

Caramel marshmallow

INGREDIENTS

◸ 14X14cm 四方形	砂糖 152g	轉化糖漿B 68g	鹽 2g
□ 1 個	熱水 72g	吉利丁塊（參考P95） 54g	糖粉 適量
	轉化糖漿A 60g	無鹽奶油 12g	玉米粉 適量

03

HOW TO MAKE

1 鍋中加入砂糖，以小火慢慢加熱，使其焦糖化。

2 將焦糖液倒入盆中後，加入熱水攪拌（參考P42）。

3 接著加入轉化糖漿A。

4 放涼後加入轉化糖漿B、吉利丁塊、無鹽奶油和鹽。

5 使用電動攪拌器先以高速攪拌後，再以中速持續攪拌至膨起來，拉起攪拌器時往下流的麵糊會在表面留下明顯痕跡。

6 在14X14X3cm的四方形模具中鋪耐熱保鮮膜後，倒滿步驟⑤，並放入冰箱冷藏使其凝固。

7 取下模具後，將凝固的棉花糖表面均勻沾裹糖粉和玉米粉，再切成適當的大小即完成。

TIP

❶～❼ 若減少食譜配方的分量，製作起來會比較困難。

Honeycomb

INGREDIENTS

砂糖 100g
水 35g
糖漿 20g
蜂蜜 5g
小蘇打粉 5g

04 焦糖蜂巢脆餅

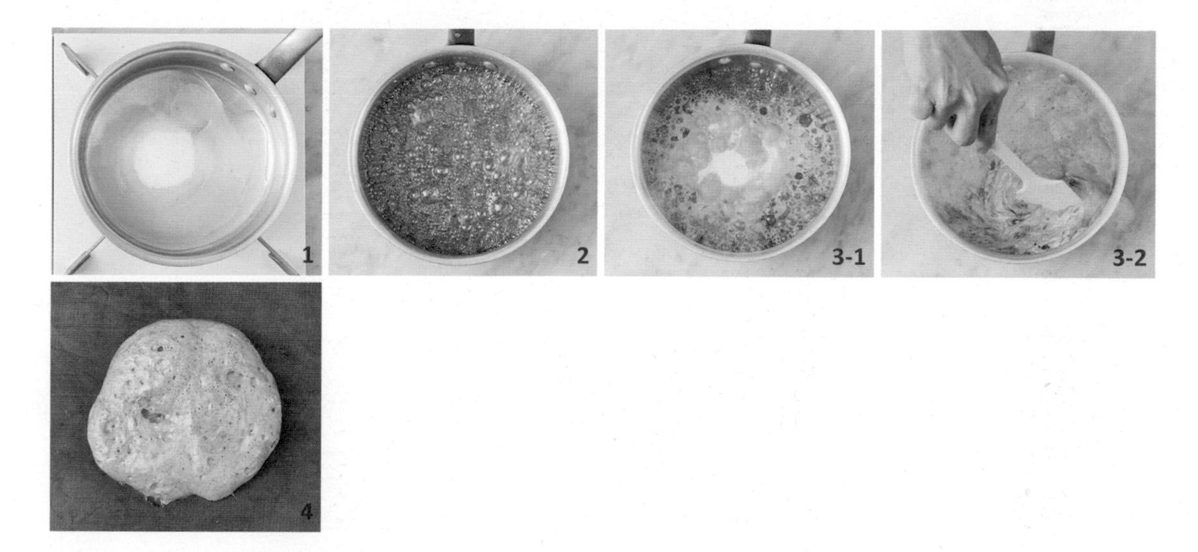

HOW TO MAKE

1 鍋中加入砂糖、水、糖漿、蜂蜜，以小火煮。

2 煮到整體呈褐色後關火。

3 加入小蘇打粉並快速攪拌。

4 倒到烘焙墊上放涼。使用時再掰成適當的大小即完成。

TIP

❷、❸ 鍋中的餘熱，會導致焦糖的顏色愈來愈深，小蘇打粉請在淺褐色時加入，完成後才會是剛好的色澤。另外，關火後可以將鍋子稍微泡一下冷水降溫。

Caramel chips

INGREDIENTS 砂糖 100g

05 焦糖碎片

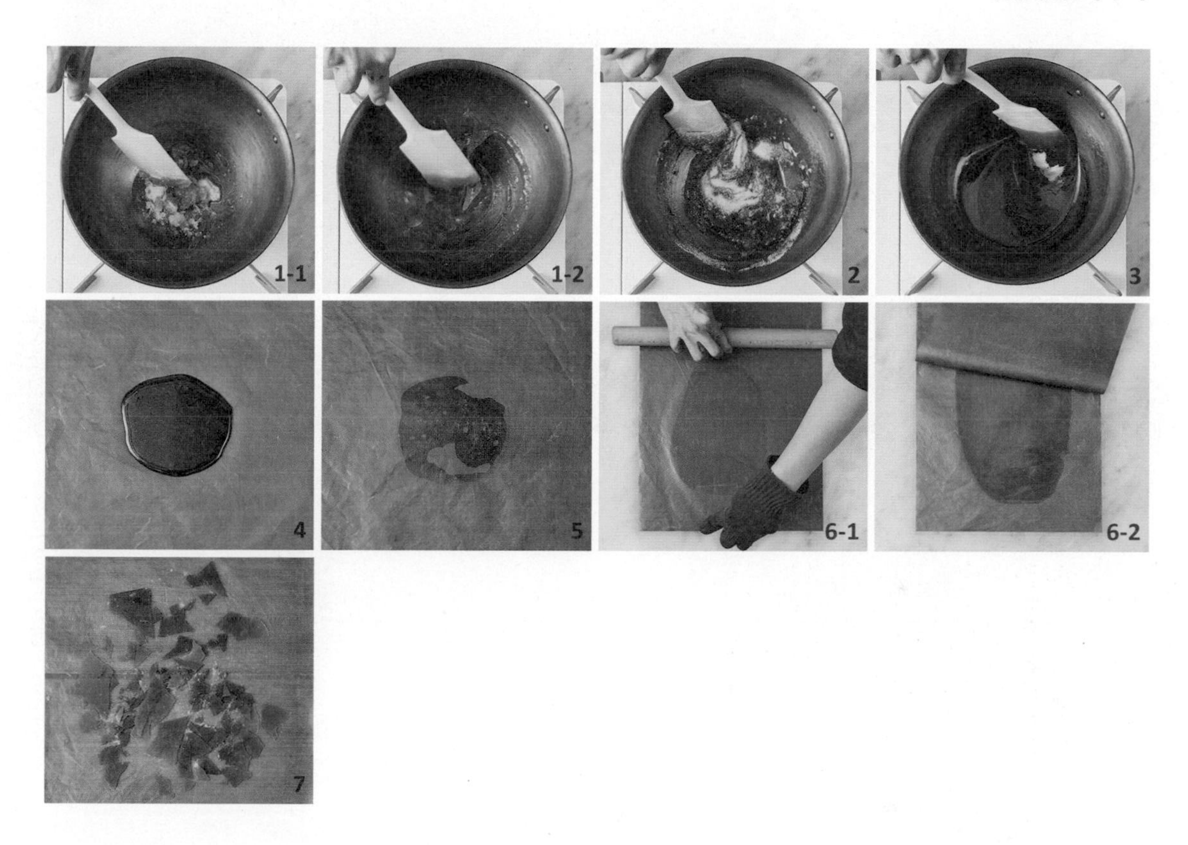

HOW TO MAKE

1 鍋中加入部分砂糖，以小火慢慢加熱。
2 邊緣開始融化後，分批慢慢加入剩下的砂糖。
3 繼續煮到砂糖都融化、焦糖化。
4 變成喜歡的顏色後，倒到烘焙墊上。
5 取另一片烘焙墊覆蓋上去。
6 用擀麵棍盡量壓薄。
7 變硬後自然壓碎成喜歡的大小即完成。

TIP

❹～❻ 焦糖倒出時，可能會因為接觸到低溫的桌面快速變硬，請盡快完成。

Isomalt chips

INGREDIENTS 愛素糖 50g

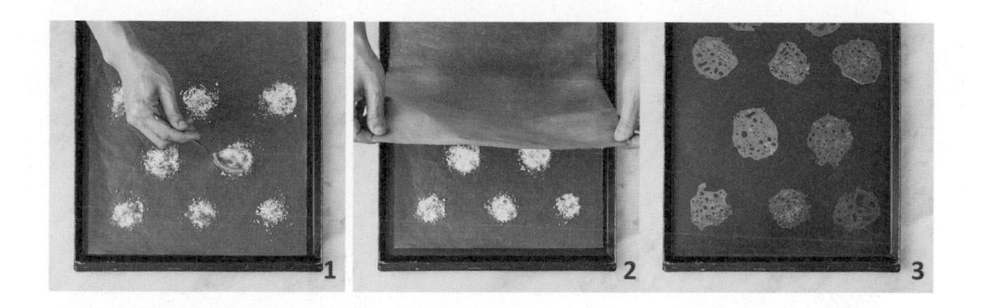

HOW TO MAKE

1 在烘焙墊上放一匙匙的愛素糖並攤開。

2 蓋上另一片烘焙墊，放入180℃的烤箱中烤6分鐘。

3 完成自然的薄片模樣，放涼後即可裝入密閉容器中，置於陰涼處保存。

TIP

❶ 把愛素糖攤開時，每一團都要稍微錯開，才能壓出薄片。

Lace chips

INGREDIENTS 翻糖（參考P174） 113g 糖漿 75g 紫色色素 適量

07 蕾絲薄片

HOW TO MAKE

1 鍋中加入翻糖和糖漿，以小火煮。
2 到140℃時，加入色素攪拌。
3 到150℃時，倒到烘焙墊上放涼。
4 凝固後壓碎成適當大小。
5 以食物調理機打勻。
6 一匙匙攤開放在烘焙墊上。
7 蓋上另一片烘焙墊，放入150℃的烤箱中烤7分鐘。完成自然的薄片模樣，放涼後即可裝入密閉容器中，置於陰涼處保存。

TIP

❷ 可以利用食用色素做出各種不同的顏色。實際做出來的薄片顏色，會比糖漿的顏色還要淺一些。

Nougatine au chocolat

INGREDIENTS

牛奶 25g
糖漿 25g
無鹽奶油 25g
砂糖 75g
可可粉 4g
可可粒 10g

HOW TO MAKE

1 鍋中加入牛奶、糖漿和無鹽奶油，以小火加熱至80℃。

2 加入砂糖和可可粉攪拌，再加熱至105℃。

3 接著加入可可粒攪拌至溶解。

4 倒到烘焙墊上，盡量抹成薄片。

5 放入180℃的烤箱中烤10分鐘，再壓碎成希望的大小即完成。

TIP

❹ 在烘焙墊上攤開時，要盡量攤平成薄薄的樣子，避免過厚或結塊。

Chocolate

flower
coin
disc

INGREDIENTS

巧克力花

黑巧克力 200g
砂糖 100g
珍珠糖 適量

巧克力硬幣

黑巧克力 200g

巧克力片

黑巧克力 200g

09 巧克力花、巧克力硬幣、巧克力片

HOW TO MAKE

巧克力調溫 ＼

1 將黑巧克力放入碗中，以45～50℃融化。
2 將2/3的量倒入另一個碗，泡在冰塊水中，降溫至27℃左右。
3 將步驟②倒回步驟①，混合，讓最終的溫度到達30～31℃。

巧克力花 ＼

4 將砂糖和珍珠糖拌勻後，鋪滿在盤子上，以圓形模具壓出痕跡。
5 將步驟③的調溫巧克力裝入擠花袋中，袋子末端剪一個小洞，由外往內畫多個重疊的圓，做出花的形狀。
6 巧克力完全凝固後，抖掉多餘的糖粒即完成。

TIP

❶ 融化巧克力時，可以隔水加熱，或用微波爐加熱。
❺ 畫巧克力的線條如果過細，會容易碎裂。

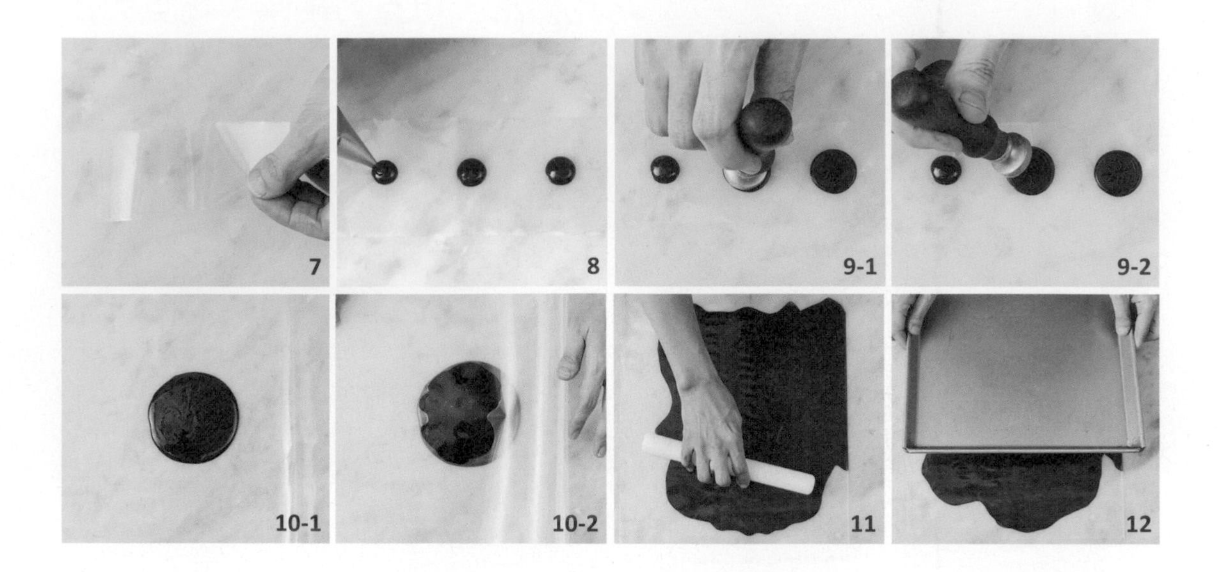

巧克力硬幣 ＼

7 在工作台上噴少許酒精黏上OPP膠膜。

8 將步驟③的調溫巧克力裝入擠花袋中，在OPP膠膜上擠出直徑1.5cm的圓形。

9 準備一個巧克力用的金屬印章，事先放在冰箱冷藏。將冰的印章稍微壓上去讓巧克力表面變硬即完成。

巧克力片 ＼

10 工作台上準備一片大張的OPP膠膜，倒一些步驟③的調溫巧克力，再對折蓋上。

11 用擀麵棍來回滾動，盡快壓平巧克力。

12 再以鐵盤下壓，變硬後壓碎成適當的大小即完成。

TIP

❾ 可以在金屬印章上灑瞬間冷卻劑，幫助快速降溫。

❿、⓫ 若OPP膠膜下方的工作台過涼，巧克力在擀壓開之前可能就會變硬。

MG

台灣廣廈 國際出版集團
Taiwan Mansion International Group

國家圖書館出版品預行編目（CIP）資料

焦糖甜點全圖鑑：6種基礎焦糖技法大解密，可直接吃、當餡料、做裝飾！糖果×餅乾×蛋糕×塔派，一窺焦糖名店的經典配方 / 皮允姃著. -- 初版. -- 新北市：台灣廣廈, 2022.02
面； 公分.
ISBN 978-986-130-531-8
1.CST: 點心食譜

427.16 110022125

焦糖甜點全圖鑑

6種基礎焦糖技法大解密，可直接吃、當餡料、做裝飾！
糖果×餅乾×蛋糕×塔派，一窺焦糖名店的經典配方

作　　者／皮允姃
翻　　譯／陳靖婷
編輯中心編輯長／張秀環・**執行編輯**／許秀妃
封面設計／曾詩涵・**內頁排版**／菩薩蠻數位文化有限公司
製版・印刷・裝訂／東豪・弼聖・秉成

行企研發中心總監／陳冠蒨
媒體公關組／陳柔彣
綜合業務組／何欣穎
線上學習中心總監／陳冠蒨
數位營運組／顏佑婷
企製開發組／江季珊、張哲剛

發 行 人／江媛珍
法 律 顧 問／第一國際法律事務所 余淑杏律師・北辰著作權事務所 蕭雄淋律師
出　　版／台灣廣廈
發　　行／台灣廣廈有聲圖書有限公司
地址：新北市235中和區中山路二段359巷7號2樓
電話：（886）2-2225-5777・傳真：（886）2-2225-8052

代理印務・全球總經銷／知遠文化事業有限公司
地址：新北市222深坑區北深路三段155巷25號5樓
電話：（886）2-2664-8800・傳真：（886）2-2664-8801
郵 政 劃 撥／劃撥帳號：18836722
劃撥戶名：知遠文化事業有限公司（※單次購書金額未達1000元，請另付70元郵資。）

■出版日期：2022年02月
■初版3刷：2024年01月
ISBN：978-986-130-531-8